LEGENDÄRE PFERDE
der Berber

Christiane Slawik · Dr. Susanne Geipert

LEGENDÄRE PFERDE der Berber

Araber, Araber-Berber und Berber

CADMOS

Wir widmen dieses Buch Lahsen, Walid, Sami, Mustafa, Mimoun, Farouk, Ramadan, Omar, Mohammed und all den vielen anderen echten Pferdeleuten, die wir bei unseren Recherchen in Nordafrika kennengelernt haben. Ohne ihre Unterstützung hätten wir dieses umfangreiche und faszinierende Projekt niemals durchführen können!

Christiane Slawik
Dr. Susanne Geipert

Haftungsausschluss:
Autoren und Verlag haben den Inhalt dieses Buches mit großer Sorgfalt und nach bestem Wissen und Gewissen zusammengestellt. Für eventuelle Schäden an Mensch und Tier, die als Folge von Handlungen und/oder gefassten Beschlüssen aufgrund der gegebenen Informationen entstehen, kann dennoch keine Haftung übernommen werden.

CADMOS im CADMOS Verlag

Gestaltung: www.ravenstein2.de
Titelfoto: Christiane Slawik
Fotos im Innenteil: Christiane Slawik
Druck und Bindung: Druck KN Digital Printforce GmbH, Ferdinand-Jühlke-Straße 7, D-99095 Erfurt, Germany

Deutsche Nationalbibliothek – CIP-Einheitsaufnahme
Die Deutsche Nationalbibliothek verzeichnet diese Publikation in der Deutschen Nationalbibliografie; detaillierte bibliografische Daten sind im Internet über http://dnb.ddb.de abrufbar.

ISBN 978-3-8404-0035-3, Hardcover, Inhalt farbig
ISBN 978-3-8404-0034-6, Broschur, Inhalt farbig
ISBN 978-3-8404-0033-9, Broschur, Inhalt s/w

Inhalt

Eintauchen in eine andere Welt 11

Fantasia im Mittleren Atlas 17

Tunesischer Tanz mit Pferden 22

Faszination Orient? 24

Der Maghreb: Land der Berber 27

Die Tunesische Republik 29

Die Demokratische Volksrepublik Algerien 30

Das Königreich Marokko 31

Pferde der Berber: Rassestandards 33

Berber: Nervenstärke, Neugier und Treue 34

Araber: Adel pur 39

Araber-Berber: Optimierung beider Ausgangsrassen 42

Auswüchse und Irrwege 45

Ritt durch die Geschichte 47

Die Wurzeln 48

Das antike Nordafrika 48

Vandalen in Afrika 53

Invasion der Araber 53

Sprung nach Europa: Die Mauren erobern Andalusien 54

Über Europas Königshäuser in die Neuzeit 56

Godolphin Arabian oder Barb? 59

Pferde der Berber im 20. Jahrhundert 63

Weltweiter Einfluss 64

Zucht in Nordafrika 67

Nationalgestüte und private Halter 68

Haltung 72

Fütterung 74

Ein Pferd für alle Fälle 77

Dressur 78

Springen und Fahrsport 79

Westerndisziplinen 80

Gelände- und Wanderreiten 81

Distanzsport 82

Freizeit- und Familienpferd 82

Tölt als vierter Gang 83

Lebensraum Europa 85

Ausrüstung: Englisch, Western oder was? 87

Nordafrikanisches Flair im eigenen Stall 88

Epilog 93

Anhang 94

Lösung des Rasserätsels von Seite 66 94

Adressen der Zuchtverbände 95

Literaturverzeichnis 95

Vorwort

Zurück zur Natur! Am besten auf dem Rücken eines Pferdes. Immer mehr Menschen suchen Entspannung, Ruhe und Erholung beim Freizeitreiten. Genießen im Sattel einen Kurzurlaub vom Alltagsstress. Ein anspruchsvolles Pferd, das schwer kontrollierbar, schreckhaft oder anfällig für Krankheiten ist oder das dazu neigt, sich dem Reiter zu widersetzen, ist da völlig fehl am Platz. Es verursacht nur neue Probleme und Sorgen, die kostbare Freizeit wird gefüllt mit Unsicherheit, Angst und Unbehagen. Das macht nur wenige Reiter glücklich. Gesucht sind vielmehr rundherum unkomplizierte, ehrliche, uneingeschränkt zuverlässige Partner. Pferde, die kerngesund, nervenstark und gelassen ihren Job machen. Bequem beim Reiten und im Umgang. Angenehm in der Größe und attraktiv im Äußeren sollen sie zum Freund für die ganze Familie werden. Gleichermaßen ideal für Anfänger, Wiedereinsteiger und Genießer.

Diverse mitteleuropäische Rassen sollen genau diese Ansprüche erfüllen. Zumindest in Rassebeschreibung oder Werbung. Tatsächlich sieht es jedoch etwas anders aus.

Passend zur mitteleuropäischen Mentalität entstanden diese Pferde zwar ursprünglich aus regionalen Bedürfnissen heraus, aber heute orientiert sich ihre Zucht doch immer mehr an messbaren Leistungen. Die von Freizeitreitern benötigten Eigenschaften müssen dahinter erst einmal zurückstehen.

Irgendwann landen viele auf der Suche nach dem „Glück der Erde“ bei iberisch geprägten Rassen – egal ob aus Europa, wie die Andalusier und Lusitanos, oder aus der Neuen Welt, wie einige US- und südamerikanische Rassen. Woher haben diese Pferde ihre von Freizeitreitern so geschätzten Eigenschaften? Aus Nordafrika. Sämtliche historischen Hufspuren weisen eindeutig in diese Richtung. Alle diese umgänglichen, menschenbezogenen, zuverlässigen und robusten Rassen haben ihren Ursprung bei den legendären Pferden der Berber, denn in Nordafrika waren die Menschen seit jeher bis heute genau auf diese Eigenschaften angewiesen. Niemand will dort im starken Trab durch die karge Landschaft stechen oder 180 Zentimeter hohe Hindernisse überwinden. Tierärzte sind rar und für die arme Bevölkerung nahezu unerschwinglich. Autos gelten als Luxusgüter. Große Entfernungen lassen sich nur mit bequemen, willigen und unermüdlichen Pferden zurücklegen. Die Tiere müssen stets allen Tumulten gelassen begegnen – egal ob im Kampf oder auf dem Marktplatz, ganz zu schweigen von donnernden Schüssen im Kampf oder beim Verlauf einer traditionellen Fantasia! Tagtägliche Erprobung sowie unerbittliche Auslese sorgten für eine genetische Fixierung dieser Eigenschaften.

Seit 4000 Jahren stellt man in den lebensfeindlichen Regionen am Nordwestrand des schwarzen Kontinents genau diese Ansprüche an Pferde. Jetzt kommen die Europäer auch wieder auf den Geschmack. Nachfrage und Interesse an den legendären Pferden der Berber steigen rasant. Ihre Geschichte und weltweite Verbreitung ist eine hippologische Erfolgsstory ohnegleichen. Und dennoch geriet sie in der modernen Pferdewelt fast in Vergessenheit. Die von ihnen beeinflussten Rassen haben sie im Laufe der Zeit im Bekanntheitsgrad weit überflügelt. Dieses Buch soll die Verdienste dieser wunderbaren Tiere würdigen, sie wieder zurück ins Bewusstsein holen und ihnen einen wohlverdienten Platz in den Herzen der Pferdefreunde zurückgeben.

Eintauchen in eine andere Welt

„Jaziret al Maghreb“ – „Insel der untergehenden Sonne/des Westens“. So nannten arabische Eroberer ein Gebiet im Norden Afrikas, das sich vom Atlantik bis zur Cyrenaica, von der Mittelmeerküste bis zur Sahara, von Mauretanien bis Libyen erstreckt. Riesig ist der „Maghreb“ und dementsprechend komplex auch seine Bevölkerungsstruktur. Bis etwa um das Jahr 500 n. Chr. lebten hier fast ausschließlich hamitische Stämme, die wir heute als „Berber“ bezeichnen. Sie selbst nennen sich „Imaziren“, „freie Menschen“. Ihr wertvollster Besitz: das Pferd. Sie waren begnadete Reiter, berühmt und gerühmt seit der Antike. Ohne ihre edlen vierbeinigen Gefährten würde für sie das Universum zusammenbrechen. Wie soll ein freier Mann seines Weges ziehen, wenn nicht mit einem Pferd? „Gesegnet von Gott und fern des Sultans“ wurde zum geflügelten Wort im Atlasgebirge. Die Bedeutung stieg umso mehr, als die Araber kamen. Sie überzogen Mensch und Region mit ihrer Kultur. Beiden Völkern gemeinsam war und ist die Liebe zum Pferd, getragen von unbändigem Stolz.

Alles Wissen rund ums Pferd wird in Afrika von den Vätern an die nächste Generation weitergegeben.

Mein Pferd ist Herr unter den Pferden.
Mit einem tiefen Zug füllt es seine
Lungen mit Luft und verdunkelt die
Herzen unserer Feinde.
Wisse, dass eine Unze Ehre mehr
wiegt als ein Zentner Gold.
Lass dich von niemandem jemals
gefangen nehmen. Verlasse ein Land,
wo dein Stolz gelitten hat,
selbst wenn seine Mauern aus
Rubinen errichtet worden wären.

Arabisches Gedicht

Und es waren ganz besondere Pferde, die aus dem Maghreb stammten: Das Leben an schroffen Gebirgshängen sowie Frost und Hitze förderten Nervenstärke, Widerstand, Ausdauer und Trittsicherheit. Bereits im Alter von zwei Jahren lernte das Pferd, ein leichtes, mit Honig bestrichenes Zaumzeug und Gebiss zu tragen. Spielerisch turnten die Kinder auf seinem Rücken herum, bis man ihm dann ein Jahr später zum ersten Mal einen Sattel auflegte. „Um ein guter Reiter zu sein genügt es nicht, reiten zu können“, heißt es bei den Berbern. Ein echter Reiter muss das Pferd verstehen, muss instinktiv wissen, wann es so weit ist! Väter und Großväter vermittelten ihr Wissen über Generationen hinweg. Von ihnen stammen Gewehr und Geschirr, ganz aus Leder und Wolle gefertigt, mit Gold- und Seidenfäden gesäumt. Die herrlichen Verzierungen leuchten bunt und lebhaft in der kargen Landschaft. In der monochromen Umgebung entwickelten die Menschen einen ganz ausgeprägten Sinn für das Schöne, für Glanz und Prunk. Sie unterstreichen damit ihre wahre Vorstellung vom Glück, denn das Paradies liegt für die „Imaziren“ auf dem Rücken ihrer Pferde.

Bevor man sich auf Nordafrika und seine Pferde einlässt, sollte man sich über gewisse Dinge im Klaren sein: Es ist eine andere Welt, von der unseren so grundverschieden, wie sie nur sein kann. Es ist aber nicht die Welt, die für Touristen wie ein afrikanisches Disneyland in Marrakesch oder Hammamet zelebriert wird. So leid es uns tut: Die Realität sieht ganz anders aus. Das echte Nordafrika beginnt da, wo die Touristenströme enden. Dort auf dem Land sucht man häufig noch vergeblich nach dem für uns selbstverständlichen Komfort von Strom, sanitären Anlagen und fließendem Wasser. Die

Unser Bild von Nordafrika ist geprägt von Souvenirs und mitteleuropäischen Möbelhausfantasien, die Afrikas Einwohner in dieser Form weder kennen noch benutzen.

Unglaublich: Eine Berberfrau schafft es problemlos, an so einer archaisch anmutenden Kochstelle die köstlichsten Gerichte für 20 und mehr Personen zuzubereiten.

langen, unzugänglichen Gebirgsketten verhinderten lange Zeit das Vordringen von Errungenschaften einer „modernen Zivilisation“. In diesen Bergen gibt es wenig Asphalt. Keine Wasser- oder Stromleitungen. Ungestört stößt der Fels im ewigen Wind an das Himmelsblau. Genau wie das Firmament strahlen auch die Menschen. Sie tragen eine Freundlichkeit und Zufriedenheit in sich, die man bei uns nur noch selten findet. Natürlich gibt es auch eine ausgeprägte Streitkultur. Sie erscheint aber dem Außenstehenden viel heftiger, als sie tatsächlich ist. Da schreien sich zwei Männer auf der Straße an, dass man meint, man müsse die Polizei holen. Minuten später liegen sie sich lachend in den Armen und gehen zusammen Tee trinken. Gekocht wird in den ländlichen Regionen mithilfe einfachster Garmethoden im kleinen Lehmofen oder mit Gasflaschen. Dabei entstehen köstlich duftende Fladenbrote und die schmackhaftesten Leckereien, die jeden Gaumen erfreuen. Hier ein typisch marokkanisches Rezept:

Marokkanisches Tomatentajine *für vier Personen*

Alle Zutaten und Mengenangaben können nach eigenem Geschmack variiert werden, man kann auch einzelne Bestandteile weglassen. In Marokko gibt es sicher so viele Varianten dieses Gerichtes wie Köchinnen – und auch fleischlos schmeckt es vorzüglich!

Zutaten:

geschälte Tomaten aus der Dose (zirka 800 g)
2 mittelgroße Zwiebeln
200 g gewürztes Rinderhack oder klein geschnittenes Rinderfilet
reichlich Olivenöl
4 Eier
1 Bund glatte Petersilie (gehackt, 3 bis 4 EL)
1 EL Kreuzkümmel
1 TL scharfes Paprikapulver (nach Geschmack) und
1 bis 2 EL süßes Paprikapulver
Salz
Pfeffer
1 TL Zucker
1 EL Zimt
eventuell Ingwer (Pulver oder frisch)
Knoblauch nach Geschmack

Zubereitung:

Zwiebeln in mittelgroße Streifen oder Würfel schneiden. Hackfleisch mit Salz, Pfeffer, und Kreuzkümmel würzen und zu sehr kleinen Bällchen formen. Zwiebeln und Knoblauch (später zugeben, werden sonst braun und bitter) in viel Olivenöl anbraten. Die übrigen Gewürze und geschälte Tomaten zufügen und aufkochen lassen, dann die Hackbällchen hinzufügen.
Das Ganze zirka eine halbe Stunde köcheln lassen, sodass die Tajine einkocht und dicker wird. Dann pro Person ein Ei hineinschlagen und die Tajine weitere 30 Minuten köcheln lassen, bis die Eier fest sind. Nicht mehr rühren! Die Eier nicht zu spät zugeben, sonst brennt es leicht an!
Die Tajine auf vier Teller verteilen (pro Person ein Ei) und das fertige Gericht mit Petersilie bestreuen. Dazu schmeckt am besten Ciabatta und ein trockener Rotwein.

Bsaha oder guten Appetit!

Kein Gast verlässt das Haus ohne zuvor ein Glas frisch gebrühten Tee getrunken zu haben.

Gegessen wird mit den frisch gewaschenen Händen auf dem Boden, auf demselben wird überwiegend auch geschlafen. Trotz des durchweg staubigen Umfeldes sind die Häuser blitzblank und nach besten Möglichkeiten verziert. Auf der einen Seite können viele seit ein paar Jahren mit solarbetriebenen Mobiltelefonen umgehen. Auf der anderen Seite ist das Analphabetentum noch immer weit verbreitet. Absolut kennzeichnend für die Regionen, in denen Berber leben, sind jedoch immer beste Manieren und eine stets präsente Hilfsbereitschaft. Überwältigend und nicht selten beschämend, gerade für westliche Besucher, ist die berühmte, traditionelle Gastfreundschaft. Wildfremde Leute öffnen dem Fremden ohne jeden Vorbehalt Haus und Hof und empfinden es als eine besondere Ehre, den Reisenden in ihren eigenen vier Wänden bewirten zu dürfen. Die Enttäuschung ist echt, wenn es aus zeitlichen Gründen nicht möglich sein sollte, die Einladung zum Tee oder Essen anzunehmen.

Afrikanische Mentalität, islamische Religion und europäische Einflüsse vermischen sich zu einem Schmelztiegel, der für den Besucher so manche Überraschung bereithalten kann. Religion und Tradition sind in allen Bevölkerungsschichten fest verwurzelt und spielen im Alltag eine viel größere Rolle als im westlichen Kulturkreis. So ist man zum Beispiel der festen Überzeugung, dass das Schicksal einer einzelnen Person nicht von ihrem Tun abhängt. Alles, was den Lebenslauf dieser Person betrifft, „steht geschrieben" und ist damit unverrückbar festgelegt. Der dazu passende Begriff „Kismet" (Schicksal) ist auch hierzulande bekannt. Viele Dinge des täglichen Lebens und Umgangs relativieren sich damit ganz gewaltig. Man tritt Problemen gefasster entgegen, lebt insgesamt trotz teilweise widrigster Umstände ruhiger und gelassener. Das verwechselt man als Gast gern mit Bequemlichkeit oder Desinteresse, es hat damit aber überhaupt nichts zu tun. Genau diese innere Ruhe wirkt sich auch auf die Pferde aus. Wenn man sich nicht verrückt macht, dann hat das Pferd auch keinen Grund dazu! Und so stehen die nordafrikanischen Pferde mit stoischer Ruhe im größten Getümmel und wackeln dabei noch nicht mal mit den Ohren.

Die Qualität der afrikanischen „Karrengäule" darf man nicht unterschätzen! Etwas mehr Futter und ein paar Stunden Pflege verwandeln dieses Arbeitspferd schnell in ein königliches Ross.

Niemand macht sich in Nordafrika so viele Gedanken um Papiere und Abstammung wie ein Europäer. Wenn in diesem Buch von „Berberpferden" die Rede ist, geht es nicht um die gleichnamigen Rassetiere, sondern um die echten „Pferde der Berber" in allen ihren Varianten.

So weit, so gut. Doch es gibt da ein Problem: Wir Westeuropäer neigen dazu, alles ganz gründlich zu ordnen und in die jeweiligen „Schubladen“ zu stecken. Auch Pferde. Da gibt es Freizeit-, Western-, Gang-, Dressur-, Fahr- und Springpferde. Sie können diese oder jene Abstammung haben, was durchweg mit Mikrochips oder Brandzeichen, Papieren und Auszeichnungen bewiesen werden muss. Die Pferde gehören einer Rasse an, werden einem Zuchtverband zugeordnet, haben einen bestimmen Ausbildungs- und Gesundheitsstand, brauchen diverse, ganz spezielle Ausrüstungsgegenstände, dürfen (das wechselt von Fall zu Fall, von Rasse zu Rasse und von Besitzer zu Besitzer) bestimmte Verhaltensweisen überhaupt nicht zeigen, andere wiederum sind hochwillkommen. Ihr Charakter wird über Verbands- und Öffentlichkeitsarbeit, Papiere und Rassezugehörigkeit interpretiert. Alles ist bei uns geregelt, und am Ende verwenden so manche Freizeitreiter genauso viel Energie und Akribie auf ihr Hobby wie auf ihren Job. Das alles können Berber nicht verstehen. Und wenn wir ganz ehrlich sein sollen: wir auch nicht immer.

In Nordafrika herrscht ein grundlegend anderes Verständnis vom Pferd als beim durchschnittlichen mitteleuropäischen Freizeitreiter. Hier kennt man keine Rassevielfalt, muss sich nicht zwischen 100 Möglichkeiten entscheiden. Es gibt immer nur eine Option: ein passendes Pferd für den jeweiligen Einsatzwunsch zu haben oder nicht. Das kann eine Arbeits-, Renn-, Zucht oder Zugmaschine sein, Repräsentationsobjekt oder simples Fortbewegungsmittel.

Dabei ist es egal, woher das Pferd stammt, solange es nur den ihm zugedachten Zweck erfüllt. Die gesamte, von Reitern und in der Landwirtschaft benötigte und gewünschte Vielfalt ist in Nordafrika überall in allen Schattierungen und verschiedenen Landschlägen vertreten. Andere Pferde oder Rassen kennt man kaum. Braucht man auch nicht! Kein Mensch käme auf die Idee sich zu fragen, ob das ausgewählte Tier nun ein „Berber“ oder ein „Araber-Berber“ ist, denn wen interessiert schon die Rasse, solange das Pferd nur gut ist? Und wie ist das mit Papieren? Papiere braucht nur ein an staatlichen Züchterprämien interessierter Züchter oder der Besitzer eines Rennpferdes. Es ist keineswegs gesagt, dass das Vorhandensein irgendeines Abstammungsnachweises den Wert des Tieres erhöht. Entscheidend ist immer nur die Qualität. Für die Fantasia sucht man eben imposante, auffällige und nervenstarke Tiere, die sich gut versammeln lassen und vielleicht noch in einer besonders schönen Farbe wie Apfelschimmel, Palomino oder Rappe daherkommen. Nach Papieren fragt bei diesen Wettbewerben niemand, und billig sind diese Pferde trotzdem nie. Jeder nimmt sich also das, was er gerade braucht und was er sich leisten kann: dick oder dünn, groß oder klein, schnell oder behäbiger, billig oder teuer.

Also: Wenn wir im weiteren Verlauf des Buches von „Berberpferden“ berichten, meinen wir damit nicht das neuerdings in den europäischen Zuchtverbänden allzu genau definierte, angeblich reine Rassepferd, das mit einem Anteil von unter zwei Prozent selbst in Nordafrika so gut wie nicht mehr vorhanden ist, sondern die traditionellen „Chevaux de Barbarie“, wie man sie jahrhundertelang viel korrekter bezeichnete: Pferde aus dem groß bemessenen, nordafrikanischen Berberland. Pferde, die zu 90 Prozent bei der nordafrikanischen Berberbevölkerung zu allen möglichen Einsatzzwecken zu finden sind und deren Vorfahren seit der Antike zu Weltruhm gelangten.

Der typische Hof eines wohlhabenden und hoch angesehenen Fantasiareiters am Tage der Hochzeit.

Fantasia im Mittleren Atlas

Lange hatten wir die Reise nach Marokko geplant, viele Telefonate geführt. Endlich stand ein Termin fest. Definitiv sollte Mitte September eine hochkarätige Zuchtschau samt Fantasia stattfinden. Nichts wie hin! In Khenifra dann die niederschmetternde Erkenntnis: Afrika gehorcht eigenen Regeln. Mit einer spontan angesetzten Überlandreise macht uns Marokkos gekröntes Staatsoberhaupt genauso wie allen Züchtern und Reitern überraschend einen Strich durch die Rechnung. Entlang der Route sind alle Arten von Menschenansammlungen verboten. Auch Pferdeschauen und Fantasias. Niedergeschlagen hocken wir in Mimouns bescheidenem, aber gastfreundlichem Wohnraum. Selbst der aromatische marokkanische Minztee unseres Gastgebers, der sich um ausgewählte Exportpferde kümmert und sie unter tierärztlicher Aufsicht auf ihre neue Heimat in Europa vorbereitet, kann nicht über diese unerwartete Enttäuschung hinwegtrösten. Mimouns Mutter kümmert sich ums Essen. Unglaublich, was sie alles über der offenen Feuerstelle auf dem Boden dieser archaisch anmutenden, teilweise aus Lehm errichteten Hütte zubereitet. Köstliche Brotfladen, leckere Fleischspießchen, Honig und Obst. Das Leben auf dem marokkanischen Land ist auch heute noch sehr einfach. Sanitäre Einrichtungen, Strom und fließendes Wasser sucht man in diesem Haus vergeblich. Trotzdem gibt es viele lachende Gesichter und keinerlei Berührungsängste mit der Neuzeit. Ausdauernd telefoniert Mimoun auf einem geliehenen Mobiltelefon. Endlich erwischt er einen der Fantasiareiter: Wir sollen in die Berge. Da trifft man sich privat! Ein kleiner Hoffnungsschimmer. Sollten wir heute doch noch ein paar Reiter zu Gesicht bekommen? Wir klammern uns an jeden Strohhalm und fahren sofort los, tief hinein in den Mittleren Atlas, Richtung Ait Sidi Ali.

Die Region um Khenifra ist im Frühjahr ein grünes Paradies. Wildblumen, Getreide und Alfalfa gedeihen prächtig. Nach der Ernte ist das Land von der sengenden Sonne vertrocknet, die scheinbare Wüste wartet in herber Schönheit auf die ergiebigen Winterregen. Langsam wird es bergiger, wandelt sich die Farbe des Bodens. Der gelbe Sand weicht zusehends der feinen Terra Rossa – genau dieser intensive, altrosa Farbton, den man mit Marokko verbindet. Der Fluss Oued Srou schafft reizvolle, leuchtend blaue Kontraste. Er bringt jedoch kein Leben spendendes Nass. Ein extrem hoher Salzgehalt macht das verführerisch glitzernde Wasser ungenießbar für Mensch und Tier. Immer schmaler werden die Straßen, mehrfach fragen unsere Begleiter nach dem Weg. Schließlich verlassen wir alle asphaltierten Wege. Höher und höher schraubt sich die Sandpiste hinauf. Scheinbar ins Nichts.

Die Aussicht ist grandios: Schier endlos breitet sich das Gebirge unter uns aus. Nur ganz vereinzelt erkennt man in weiter Entfernung ein paar winzige Hütten. Einige davon hatten wir passiert. Sie waren längst von ihren Bewohnern verlassen worden. Mit heulendem Motor quält sich der kleine Fiat durch die Serpentinen, ächzt unter seiner Last. Der Wagen bleibt an Felsen hängen, scheint vor der Steigung zu kapitulieren und schafft es schließlich irgendwie doch bis ans Ende der Straße. Dahinter geht es so steil bergab, dass uns selbst ein Allradfahrzeug nicht mehr weitergebracht hätte. Wo soll denn hier überhaupt etwas sein? Eine Fantasia gar? Auf diesem Weg käme höchstens noch ein Esel durch, und tatsächlich: Ein paar hundert Meter weiter „parkt" eine Gruppe der unersetzlichen Langohren. Sollten wir doch noch fündig werden? Hinter der nächsten Kuppe dann die große Überraschung: Urplötzlich stehen wir vor einer Hütte. Drum herum dösen rund 15 gesattelte, mit einfachen Stricken an den Vorderbeinen gehobbelte Pferde. Wir sind da!

Der Gastgeber, ein waschechter Berber, begrüßt uns, führt uns ins Haus. Unsere Schuhe landen neben vielen anderen Paaren, die bereits vor der Tür liegen. Dann sitzen wir auf dem Boden des Wohnraums, lehnen am letzten freien Wandstück. Die zahlreichen Besitzer der Schuhe im Hof mustern uns neugierig mit stechendem Blick. Selbstbewusste Männer mit stolzer Haltung, deren Gesichter tausendundeine Geschichte erzählen. Frauen haben in diesem Raum normalerweise nichts zu suchen. Endlose Minuten lang herrscht Schweigen. Schließlich gibt es Gelegenheit, die Hände zu waschen. Ein Verwandter reicht eine spezielle Schüssel mit Seife herum und gießt einen dünnen Wasserstrahl über die Finger jeden Gastes. Dann wird üppiges Essen aufgetragen. Jetzt wird uns klar, dass wir in ein echtes Fest hineingeraten sind. Das Meschoui (Schaffleisch) liegt in großen Stücken auf den niedrigen Tischen, dazu gibt es zarte, mit Speck umwickelte Leberspießchen und Brot. Couscous mit Hühnchen und Kürbis bildet den zweiten, Obst den dritten Gang. Blitzschnell verschwinden große Mengen des Menüs in hungrigen Mündern. Für viele scheint es eine lang ersehnte Gelegenheit zu sein, sich mal wieder richtig satt zu essen. Reste werden den Gästen in Fladenbrot eingepackt. Nach Hause transportieren sie es in den Kapuzen ihrer Gewänder. Nach dem obligatorischen Tee und erneutem Händewaschen brechen plötzlich alle auf. Endlich dürfen auch wir zu den Pferden.

Die Hengste verschiedenster Altersgruppen können sich mit ihren gehobbelten, das heißt mit Stricken zusammengebundenen Vorderbeinen kaum bewegen. Manche Vorderfüße weisen entsprechende Spuren auf. Die Zügel sind zusätzlich wie Ausbinder am Vorderzwiesel der Berbersättel fixiert. Die Pferde stehen dadurch völlig ruhig, kauen entspannt auf den Gebissen. Sie sind es nicht anders gewöhnt. Interessiert spitzen sie jetzt die Ohren. Die typischen Ringkandaren sehen weitaus martialischer aus als sie sind, denn sie haben außerordentlich kurze Anzüge. Hier kann man nichts falsch verschnallen oder verlieren. Kein enger Nasenriemen hindert die Tiere daran, dem Druck der Zungenfreiheit bei härterer Einwirkung durch ein Aufsperren des Mauls auszuweichen. In Nordafrika geht es den Reitern weniger um feinen Kontakt zum Maul. Gebisse helfen dabei, die Pferde zu regulieren. Gelenkt wird überwiegend per Neckreining. Die repräsentative Ausrüstung eines Pferdes macht gut den Halbjahreslohn eines kleinen Bauern aus, wobei die bekannten, brokatbesetzten Zubehörteile nur für Wettbewerbe und Touristen ausgepackt werden. Das traditionelle, einfacher gehaltene, aber dadurch auch alltagstaugliche lederbezogene Holzsattelzeug der Berber bestickt neben diversen Filzunterdecken durch bunte Applikationen und einen farbenfrohen, manchmal mit Pailletten durchwirkten Wollüberwurf.

Berber sind die ursprüngliche Bevölkerung Nordafrikas. Pferde bedeuten ihnen alles. Sie waren schon immer unentbehrliches Hilfsmittel im Krieg, bei der Jagd und für ihre Unabhängigkeit. Wie überall in der Welt klaffen selbst unter einfachen Lebensumständen tiefe Gräben zwischen arm, etwas weniger arm, besitzend und wohlhabend. Das Pferd verbindet alle, denn wie kaum in einer anderen Region der Welt ist es Bestandteil einer ganzen Kultur.
Unser herkömmliches Rasseverständnis existiert bei den Berbern generell nicht. Abstammungen wurden früher aufgrund der hohen Analphabetenrate nicht schriftlich festgehalten. Man kennt vor allem gute und schlechte Pferde und kann je nach vorzugsweise arabischer oder berberischer Blutzusammensetzung nur von Typen sprechen. So wie sich die Pferdepopulation vor unseren Augen präsentiert, kann man über die in Mitteleuropa so vehement geführte Diskussion über das „reine Berberpferd" nur schmunzeln. Die in Nordafrika lebenden „Pferde der Berber" sind nämlich sehr individuell und unterschiedlich in ihren Ausformungen: etwas leichter oder schwerer, schmaler oder breiter, kürzer oder länger, mit konvexen oder konkaven Nasen, langen oder kurzen Mähnen, kleinen oder großen Ohren, schmalen oder kräftigen Hälsen, tiefer oder höher angesetzten Schweifen, runden oder eckigeren Kruppen ...

Die Fantasia läuft nach festen Regeln ab und ist mehr als ein wilder Galopp mit Schießgewehr.

Mimoun gibt uns eine Faustregel an die Hand: Füttere ein mageres Pferd. Wird es schnell fett, hat es mehr vom Berber. Bleibt es dünn, hat es überwiegend arabisches Blut.

Die wertvollen Vierbeiner rund ums Haus dienen nur einem einzigen Zweck: Man reitet sie auf einer Fantasia. Dieser simulierte Angriff stammt aus der Kriegsreiterei und folgt genauen Regeln. Ursprünglich vor allem bei Festen und Hochzeiten gezeigt, geht es bei diesen Anlässen um die Ehre. Öffentliche Auftritte oder gar Siege bei Fantasiawettbewerben bringen jedoch außerdem einiges an Geld, mit dem sowohl die Pferde, nicht selten aber auch ganze Familien finanziert werden. Immerhin kostet die Haltung eines einzigen dieser Tiere ungefähr so viel wie eine zehnköpfige marokkanische Familie zum Leben braucht.

Ein gutes Fantasiapferd ist schick und kräftig gebaut. Es wartet auch ein paar Stunden gelassen auf seinen Auftritt. Hoch versammelt beginnt der Ritt mit einem langsamen Schaukelgalopp. Das Pferd hört auf die Kommandos, bricht nicht aus der Reihe der Reiter aus. Schließlich spurtet es gut 150 Meter in vollem Galopp schnurgeradeaus und lässt sich durch die lauten Schüsse am Ende der Bahn nicht aus der Ruhe bringen. Meistens halten die Hengste danach von selbst wieder an und sind sofort wieder völlig ruhig. Passt alles zusammen, sind solche Tiere für den kleinen Mann absolut unbezahlbar und repräsentieren ein riesiges Prestige.

Nach kurzem Aufstieg trifft man sich auf einem in unseren Augen nahezu unbereitbaren Steinacker mitten am Hang. Schwarzpulver wird herumgereicht. Routiniert füllt man das explosive Gemisch in die Läufe der Vorderlader, setzt die Zündplättchen ein. Dann nehmen die Männer Aufstellung, recken die Waffen empor. Ihre Füße stecken in weißen Pantöffelchen, die Sporen tragen sie über die Socken geschnallt.

Beim Anritt stellen sich die Reiter in ihren kleinen, kurzen Kastenbügeln hoch über den Sattel, um größer zu wirken. Manche Pferde piaffieren, andere galoppieren auf der Stelle. Spannung liegt in der Luft. „Oah Nouschoud“ – „Fertig!“, schallt es über das Gelände. Dann ein heiserer Schrei: „Al Hafid Allah!“ – „Gott, der Beschützer!“ Plötzlich preschen sie los. Staub und Steine wirbeln auf. Wie Perlen auf einer Schnur fliegen die Hengste in einer Reihe an uns vorbei. In unbändigem Galopp, Sand und Felsbrocken zum Trotz, geht es mit durchhängenden Zügeln dahin. Schließlich lösen sich die Schüsse gleichzeitig aus den Gewehren. Der gewaltige Donner hallt über das ganze Tal. Sofort macht sich die zweite Abteilung bereit. Der schmale Streifen Erde erlaubt es nicht, dass alle Reiter gleichzeitig starten. Währenddessen laden die Ersten wieder die Gewehre. Zehn bis 15 Mal wird der Ritt wiederholt. Auf nationalen Fantasiawettbewerben starten manchmal bis zu 500 Pferde in Gruppen von 25 bis 30 Teilnehmern, die von staatlicher Seite mit lukrativen Preisgeldern gefördert werden.

Gute Reitergruppen müssen viel üben. Keine leichte Aufgabe angesichts der logistischen und infrastrukturellen Möglichkeiten des Landes und seiner Bewohner. Trotzdem hat man den Anspruch, dass alles perfekt funktioniert. Wehe, einer tanzt aus der Reihe, schießt zu früh oder zu spät! Dann sind lautstarke Diskussionen vorprogrammiert. Dafür sorgt auch das fachkundige, natürlich ausschließlich männliche Publikum, das urplötzlich wie aus dem Nichts auf Eseln und Mulis aufgetaucht ist. Manche sind stundenlang geritten. So ein Ereignis spricht sich schnell herum. Der Souk, ein wöchentlicher Markt, fungiert dabei als Austauschbörse. Wie auf einem Fußballplatz sparen die Schlachtenbummler nicht mit qualifizierten Kommentaren, Kritik und Beifallsäußerungen. Diese privat ausgerichtete Fantasia ist ein willkommenes Spektakel für das Dorf Ait Sidi Ali, wo immer es auch sein mag. Alle Anwesenden betrachten die Angelegenheit mit dem nötigen Ernst, aber auch mit viel Spaß. Selbst würdevolle, alte Kämpen verziehen die Mundwinkel zu einem Lächeln und klopfen sich die Schenkel!

Traditionell wird in Afrika mit extrem kurzen Bügeln geritten.

Schließlich versinkt die Sonne hinter dem Bergkamm. Alle kehren zum Haus zurück. Dort empfangen uns die Frauen. Ehe wir

Einheimische Zuschauer sparen bei einer Fantasia nicht mit fachkundigen Kommentaren und Kritik.

Tunesischer Tanz mit Pferden

Irgendwo in Tunesien. Stolze Reiter der Wüste haben sich versammelt. Sie feiern ein Fest, tragen ihre besten Gewänder. Musik ertönt. Laut und rhythmisch ist der Klang der „Mohammed-Trommel“. Das Getöse lässt niemanden kalt: Hier schlägt das Herz Afrikas. Die quäkende „Moldi-Flöte“ spielt auf zum Tanz – zum Tanz der Pferde. Schon gesellen sich die ersten Reiter zu den Musikern. Lebhaft nicken die Hengste mit den Köpfen zum Takt der Musik. Zwei Jahre dauert das Training aller

etwas sagen können, landen wir, von schwatzenden Mündern umringt, in ihren abgeschirmten Räumlichkeiten. Alle wollen fotografiert werden, strahlen übers ganze Gesicht, können es kaum fassen, ihr Abbild in der Digitalkamera zu sehen. Wie glücklich und zufrieden scheinen diese Frauen mit ihrem Leben zu sein. Nichts weist darauf hin, dass sie sich von der Männergesellschaft ausgeschlossen fühlen. Wie verschieden sind doch die Sicht- und Lebensweisen der Menschen. Die Großmutter hütet einen Stock mit festgenagelten Geldscheinen: Brautgeschenke! Es findet tatsächlich eine Hochzeit statt.

Im Gegensatz zu allen anderen Gästen dürfen wir sogar die Braut sehen, hängen gern noch eine weitere Note an den Stab. Dann ruft der Hausherr Männer und Frauen zum Tanz. Unter lauten Gesängen leiten die Berber inmitten der Pferde und Reiter den Vorabend der Hochzeit ein. Wir müssen uns leider verabschieden, bevor es zu riskant für die unbefestigte Piste wird. Nur zögernd verlassen wir den gastlichen Ort, der uns unvergessliche Einblicke in das Leben und die Traditionen der Berber gegeben hat. Der marokkanische König hat seine Reise übrigens dann doch nicht angetreten ...

Beim typischen tunesischen Pferdetanz darf die bunte Brokatdecke hinter dem Sattel nicht fehlen.

„Tanz-Elemente“. Dann reagieren die Pferde von selbst mit festgelegten Bewegungsabläufen auf bestimmte Rhythmen. Stolz stemmen sich die Reiter in die kurz geschnallten Kastenbügel und stehen in ihren hohen, reich bestickten, nordafrikanischen Sätteln, die sich seit den Tagen der Mameluken-Türken kaum verändert haben. Die kurzen Rümpfe der schmalbrüstigen Pferde verschwinden fast unter den üppigen Verzierungen des Sattelzeugs und einer langen Brokatschleppe. Enge Scheuklappen schränken das Gesichtsfeld der Hengste ein, scharfe Ringkandaren halten die lebhaften Tiere unter Kontrolle. Ebenso wie in Marokko ist die farbenfrohe, traditionelle Ausrüstung eines Reitpferdes ein Vermögen wert, das auch tunesische Jahreseinkommen übersteigt.

Die Pferde, Araber-Berber in verschiedener Blutzusammensetzung, haben ein Stockmaß von zirka 1,50 Meter, einen lang gestreckten, edlen Kopf, einen muskulösen, hoch angesetzten Hals, steile Schultern, einen ausgeprägten Widerrist, eine abgeschlagene Kruppe und einen tief angesetzten Schweif. Die Beine sind trocken mit kleinen, stahlharten Hufen. Entlang der landwirtschaftlich und touristisch genutzten Küstenregionen bewegen solche Pferde auch heute noch unermüdlich und scheinbar problemlos riesige Lasten oder Kutschen.

Zu den immer schneller werdenden Trommelschlägen steigen die temperamentvollen Hengste steil empor, schnellen courbettenartig durch die Luft, angefeuert von den heiseren Schreien der Männer, um gleich

Dank der Zuverlässigkeit ihrer Pferde können die Berber auch schwierige Trickreitlektionen zeigen.

danach wieder kopfnickend neben den Musikern zu stehen. Bei der „M 'Deweri" galoppieren die Reiter auf einem Zirkel und vollführen blitzschnell atemberaubende Kunststücke. Sie springen auf den Boden und wieder zurück in den Sattel, sitzen plötzlich im Damensitz oder verkehrt herum, vor oder hinter dem Sattel auf dem Pferd, machen einen Kopfstand oder heben Gegenstände vom Boden auf – alles in vollem Galopp unter hektischen Trommelschlägen. Die Pferde ziehen davon völlig unbeeindruckt ihre Kreise. Nervenstärke, Schnelligkeit und Zuverlässigkeit sind auch in Tunesien ein Markenzeichen der einheimischen Pferde!

Faszination Orient?

Die Erlebnisse in Tunesien und Marokko waren beeindruckend. Bei Fantasia und Pferdetanz vereinigen sich so ziemlich alle Klischees, die man in Bezug auf Pferde der Berber in Nordafrika hat. Aber Nordafrika ist eigentlich grundlegend anders. Anders, als wir es uns vorstellen. Anders, als es uns die Tourismusindustrie glauben machen will. Anders, als es heimische Möbelhäuser mit leuchtenden Farben, verspielten Accessoires und dunklen Möbeln vorgaukeln, die in Nordafrika in keinem Heim, egal ob das eines Schäfers oder das eines Ministers, zu finden sind. Anders, als es in Bildbänden romantisiert und schön fotografiert wird. Verklärte Fantasien aus Tausendundeiner Nacht, die gibt es in Nordafrika nicht, und schon gar nicht in der Pferdewelt. Das haben wir bei der Planung und Durchführung unserer Reise in jeder Minute zu spüren und zu sehen bekommen. Sicher findet man kunsthistorische Details, stößt immer wieder auf eine jahrtausendealte Geschichte, bummelt durch Souks und Bazare. Ab und zu gibt es auch mal Strom, sanitäre Anlagen und fließendes Wasser. Staub und sengende Hitze beherrschen die riesige Region ebenso wie atemberaubende Landschaften oder unglaublich gastfreundliche Menschen, die für einen Besucher das letzte Hemd geben.

Hier, inmitten von Armut und dem täglichen Kampf ums Überleben, spielen Pferde eine komplett andere Rolle als bei uns. Ein europäischer Bauer kauft seiner Kuh Emma auch nicht jede Woche neue Leckerli, lackiert ihre Hufe, hat jahreszeitlich und farblich abgestimmte Decken und Halfter. Natürlich kümmert er sich um Emma, denn er lebt von und mit ihr, aber letztendlich sieht er sie als das, was sie ist: eine Kuh. Genauso ist es in Nordafrika. Ein Pferd ist ein Pferd und wird immer ein Pferd bleiben. Ein Nutztier mit hohem Prestigewert, sicher. Aber immer noch ein Nutztier. Hier wird nicht vermenschlicht, herumgeschmust, verhätschelt oder zu Tode gepflegt. Hier ist kein Raum für die Auswüchse einer mitteleuropäischen Wohlstandsgesellschaft. Ein paar Galopprennpferde gibt es natürlich auch in Nordafrika – eine „Erfindung der Neuzeit", aber durchaus populär. Schließlich geht es bei diesem Sport um Pferde. Sie treten auf unterschiedlichen Bahnen auf nationaler Ebene gegeneinander an. Ein hoher arabischer Blutanteil ist da von Vorteil und erwünscht und schlägt sich auch in den umliegenden Zuchten nieder.

Letztendlich sind Einhufer jedoch in vielen Regionen Nordafrikas immer noch ein unersetzliches Verkehrs- und Transportmittel. Natürlich hat die Industrialisierung der Landwirtschaft auch den schwarzen Kontinent erreicht. Doch für die meisten Bauern ist sie noch nicht erschwinglich, vom schwierigen Gelände ganz zu schweigen. Tierische Arbeitskraft hat kein Problem mit fehlenden Tankstellen, schreckt nicht zurück vor steilen, unzugänglichen Hängen und rentiert sich auch noch, wenn der Boden so gut wie nichts mehr hergibt. Das gilt für Pferde ebenso wie für Esel und Mulis. Die Tiere ziehen Pflüge und Karren, befördern Waren und Personen, sind fester Bestandteil des Straßenverkehrs – auch auf den seltenen Autobahnen, wo sie tagaus, tagein unbeeinträchtigt von dicht vorbeibrausenden Lastwagen gemächlich ihres Weges ziehen.

Die Bandbreite der Pferdetypen ist sehr groß, aber die Tiere ähneln sich doch in einigen Punkten: Nahezu alle haben – soweit es ihr Futterzustand zulässt – rundliche Kruppen mit recht tief eingesteckten Schweifen, relativ kurze Hälse, gerade Nasenlinien, kräftige Ganaschen und schmale Brustkörbe. Sie sind trittsicher, arbeitswillig, ausdauernd und durch nichts aus der Ruhe zu bringen. Wenn so ein etwas schmales Kerlchen zufällig in bessere Lebensumstände gerät, können viel Ruhe und gehaltvolles Futter wahre Wunder bewirken! Nicht selten entpuppt er sich dann als absolutes Klassepferd. Man sollte sich gerade bei den Straßenpferden nicht zu einem vorschnellen Urteil hinreißen lassen, nur weil sie ein paar Kilo zu wenig auf den Rippen haben. Die Zuchtqualität einiger nordafrikanischer Karrengäule könnte selbst unseren gehobenen Ansprüchen genügen! So manche mickrig erscheinende Ackerstute hat schon gewaltige Fantasiahengste zur Welt gebracht, die eines Königs würdig waren und später auch in seinem Stall gelandet sind. Während bei uns ein Pferd ohne Papiere nichts gilt, besteht nämlich noch nicht einmal ein nordafrikanischer König auf einwandfrei

Im Orient ist das Pferd auch heute noch ein Nutztier. Oft lässt die persönliche Lebenssituation seines Besitzers nicht mehr Futter oder Pflege zu.

geklärter Abstammung, wenn das Pferd nur gut genug ist!

Schließlich soll noch eine Lanze für die alleremsigsten vierbeinigen Arbeiter gebrochen werden: die Mulis und Esel. In Bezug auf ihre Arbeitskraft sind sie immer noch die besseren Pferde und daher gerade in Marokko, wo die Landwirtschaft des kleinen Mannes noch eine sehr große Rolle spielt, besonders gefragt. Sie erreichen Regionen, wo jedes motorisierte Fahrzeug stecken bleibt, sind äußerst genügsam, unempfindlich und langlebig. Esel können zudem aufgrund ihrer Hinterhandwinkelung unglaubliche Lasten schleppen. Das Muli ist quasi das „Upgrade" eines Esels, aber zur Zucht der unfruchtbaren Hybriden braucht es immer eine Pferdestute als Mutter. Je größer und stärker die Elterntiere, desto leistungsfähiger auch das Muli. Im Vergleich zu einem regulären Arbeitspferd bringen Mulis nicht nur mehr Leistung bei weniger Futter, sondern dies meistens auch noch auf besonders bequeme Weise. Tölt oder Pass gehende Mulis sind überaus begehrt und sehr teuer. Eine Seilkonstruktion an den Beinen hilft (ähnlich wie im amerikanischen Passrennsport) etwas nach, das Muli unter dem Sattel im Pass zu halten.

Der Maghreb: Land der Berber

„Berber“ gibt es viele. Die für uns so interessante Pferderasse wird jedoch nicht nur in großen Teilen der einschlägigen Fachliteratur, sondern sogar im Brockhaus schlichtweg vergessen. Das internationale Nachschlagewerk beschreibt Berber nur als Teppiche, Völker und Landstreicher. Letztere wählten sich die Bezeichnung selbst, afrikanische Berber hatten sie nie für sich benutzt. Sie bezeichnen sich schon immer als „Imazighen“, als „Freie“, und soweit überliefert ist, nannten sie auch keine Pferde „Berber“ – was übrigens in weiten Teilen Nordafrikas bis heute der Fall ist. Geprägt wurde der Begriff des „Berbers“ entweder durch den Namen eines mythischen Stammesvaters namens Beru-Borr oder von den Griechen. Sie bezeichneten rundweg alle „Nichtgriechen“ als „Barbaren“. Dies bezog sich auf eine „ungebildete“ Aussprache und bedeutete soviel wie „Blabla“ – Diskriminierung gibt es eben schon seit der Antike. Darauf weist auch die dritte, ebenfalls griechisch geprägte Deutung hin: Die altgriechischen Worte „Barbarikos“ oder „Barbaros“ bedeuten soviel wie fremdsprechend, unverständlich, barbarisch.

Unterwegs in Nordafrika begegnet man besonders in den ärmeren Gegenden immer wieder vielen Eseln und Mulis. Sei sind weitaus weniger empfindlich und genügsamer als Pferde und leisten Unvorstellbares.

Das altgriechische „Borboros“ wird mit wild, ungebildet, roh oder grausam übersetzt.

Heute leben die verschiedenen Berbervölker überwiegend in Marokko, Algerien und Tunesien, teilweise auch in Libyen und „Mauretanien“. Die fünf Länder stehen für die westliche Region Nordafrikas. Man bezeichnet sie daher geografisch gesehen auch als die Maghreb-Staaten (arabisch für „der Westen“).

Für Pferdefreunde interessant sind aber im Wesentlichen drei davon: Tunesien, Algerien und Marokko. Allein die Größe und geografische Gestaltung der drei Staaten ist enorm unterschiedlich. Tunesien ist halb so groß wie Deutschland und der kleinste Staat an der nordafrikanischen Mittelmeerküste, während Nachbar Algerien das zweitgrößte Land des gesamten schwarzen Kontinents ist! Die Küste Nordafrikas erstreckt sich über den südlichen Mittelmeerrand bis in den Atlantik hinein von Tunis bis Agadir auf über 3000 Kilometer! Außer ihrer Lage in Nordafrika und der Zugehörigkeit zu den „Maghreb-Staaten“ haben die drei Länder aus politischer Sicht nicht allzu viel miteinander gemein.

Alle führen eigene Stutbücher für Berber und Araber-Berber, betreiben staatliche Nationalgestüte zur Förderung der Zucht und gehören dem Weltberberverband OMCB (Organisation Mondiale du Cheval Barbe) an.

Obwohl Marokko nur rund ein Fünftel der Gesamtfläche der drei Staaten ausmacht, leben hier gut zwei Drittel der Pferdepopulation. Das Land engagiert sich weitaus am meisten für Zucht und Forschung. Noch heute sind dort Pferde und besonders Maultiere, deren Zucht ja ohne Pferde nicht funktioniert, nicht aus der kleinbäuerlichen Landwirtschaft wegzudenken. Nach vorsichtigen Schätzungen leben in Marokko etwa 200.000 Pferde, 400.000 Mulis und eine Million Esel.

Die Tunesische Republik

Tunesien ist viel näher, als man denkt! Nur 140 Kilometer von Sizilien entfernt liegt das nördlichste Land Afrikas zwischen Mittelmeer und der Sahara. Die größte Nord-Süd-Ausdehnung zwischen Cap Blanc und der Grenzstation Bordj el Khadra beträgt knapp 900 Kilometer, die größte Ost-West-Ausdehnung zwischen der Insel Djerba und Nefta etwa 330 Kilometer. Tunesien hat eine ungefähr 1300 Kilometer lange Küstenlinie am Mittelmeer. Es ist Bestandteil des Maghreb und mit einer Größe von rund 164.000 Quadratkilometern nicht einmal halb so groß wie Deutschland.

Bevor Phönizier ihre ersten Handelskolonien gründeten, wurde Tunesien im ersten Jahrtausend v. Chr. von Berbern bewohnt. Karthago, das im fünften Jahrhundert v. Chr. das westliche Mittelmeer beherrschte, war das bedeutendste Handelszentrum. In den Punischen Kriegen (zwischen 264 und 146 v. Chr.) wurde es jedoch von Rom besiegt und zerstört. Mit dem Niedergang des Römischen Reiches eroberten die Vandalen den Landstrich, im sechsten Jahrhundert hatte Byzanz das Sagen, bis im siebten Jahrhundert die Araber kamen und bis heute geblieben sind.

Der Islam ist Staatsreligion. Etwa 98 Prozent der Bevölkerung sind, wie in Marokko und Algerien auch, sunnitische Muslime. Die größte ethnische Minderheit stellen die Berber dar, deren Anteil jedoch nur mit 1,97 Prozent angegeben wird, da der Großteil dieses Volkes als weitestgehend arabisiert und angepasst gilt. Neben dem Libanon ist Tunesien heute eines der am stärksten westlich geprägten arabischen Länder. „Nur“ rund ein Viertel der Bevölkerung sind Analphabeten.

Reaktionsschnelle Pferde sind seit der Antike in Tunesien zu Hause und zogen bereits mit dem Karthager Hannibal über die Alpen.

Tunesiens Hauptdevisenbringer sind die verarbeitende Industrie und der Fremdenverkehr (jährlich rund vier Millionen Auslandsgäste). Der Tourismus konzentriert sich vor allem auf die Küstenregionen. Bedeutende Touristenorte sind die Regionen um den Golf von Hammamet (Hammamet, Nabeul, Sousse, Port El Kantaoui und Monastir) sowie die Insel Djerba.

Etwa 50 Prozent der Landesfläche werden für intensive Landwirtschaft genutzt, die überwiegend mechanisiert ist. Pferde oder Maultiere haben nur noch eine untergeordnete Bedeutung, sind aber immer noch selbst an größeren Ortsrändern zu sehen. Im fruchtbaren Norden überwiegt der Anbau von Obst, Gemüse und Getreide, in Zentraltunesien werden vor allem Datteln und Oliven angebaut. Bedeutend ist auch der Weinbau. Tunesien ist außerdem reich an Bodenschätzen wie Erdöl und Phosphaten, die ebenfalls exportiert werden. Der Süden des Landes mündet in die Wüste Sahara, das Land ist deshalb nach Süden immer weniger bewohnt und wirtschaftlich nutzbar.

Die Demokratische Volksrepublik Algerien

Algerien ist mit knapp 2.400.000 Quadratkilometern nach dem Sudan Afrikas zweitgrößter Staat. 80 Prozent der Landesfläche sind Wüsten und Halbwüsten. Der größte Teil der Bevölkerung lebt am schmalen, landwirtschaftlich genutzten Mittelmeerrand. Erdölexporte dominieren die Exporteinnahmen. Amtssprache ist Arabisch, daneben jedoch seit 2001 Tamazight, die Sprache der Berber (etwa 16 Prozent der Bevölkerung). Zirka 40 Prozent der Algerier sind Analphabeten.

130 Jahre französischer Kolonialzeit hinterließen deutliche Spuren. Anders als Tunesien und Marokko, die lediglich wenige Jahrzehnte französisches Protektorat waren, gehörte Algerien zum französischen Mutterland. Ebenso deutlich ist immer noch der frühere Einfluss der Türken zu spüren.

Nach Jahren des Bürgerkriegs zwischen islamischen Fundamentalisten und der Regierung ist Algerien nun relativ befriedet und darum bemüht, gesellschaftliche und wirtschaftliche Reformen zu verwirklichen. Der Tourismus ist im Vergleich zu den beiden Nachbarländern wenig entwickelt. War Algerien schon zu Zeiten der Karthager bekannt für seine Berberzucht, so sind Pferde heute nur noch in wenigen Landesteilen zu finden. In der Landwirtschaft spielen sie keine Rolle mehr. Die Mechanisierung ist weit fortgeschritten, und wo man in Marokko mit dem Muli oder Pferd zum Wochenmarkt reitet, fährt man in Algerien mit dem Mofa, Traktor oder Auto. Die Pferdezucht ist bis auf wenige Hochburgen fast ins Bedeutungslose abgerutscht.

Aufgrund der politischen Situation blieben in Algerien die wohl ursprünglichsten Berbertypen erhalten.

Bedingt durch rücksichtslose Verfolgung und Unterdrückung haben sich die Berber in Algerien besonders von der übrigen Bevölkerung separiert. Lebt man in Marokko und auch in Tunesien mehr oder weniger einträchtig, aber doch stets neben- und miteinander, ging man in Algerien eine Zeit lang sogar so weit, die Sprache der Berber zu verbieten. Viele Initiativen bemühten sich mit unterschiedlichem Erfolg, dem entgegenzusteuern, damit die Kultur der Berber nicht völlig untergeht. Noch heute wird die arabische Sprache in überwiegend berberisch besiedelten Gebieten nicht gern gehört – zu viele unangenehme Erinnerungen werden damit in Verbindung gebracht.

Dies mag auch ein Grund sein, warum sich das ursprüngliche Pferd der Berber gerade in Algerien besonders gut erhalten hat: Ein algerischer Berber wird, im Gegensatz zu den deutlich besser integrierten Landsmännern Tunesiens und Marokkos, kaum arabische Pferde in der Zucht verwenden!

Das Königreich Marokko

Offiziellen Statistiken nach hat Marokko 32 Millionen Einwohner, aber man kann davon ausgehen, dass deutlich mehr Menschen dort leben. Die Landesfläche erstreckt sich auf fast 500.000 Quadratkilometer und umfasst vier große Gebirgszüge. Rifgebirge, Mittlerer Atlas, Hoher Atlas und Anti-Atlas unterteilen das Land von Norden nach Süden, jeweils durchbrochen von großen fruchtbaren Tälern. Amtssprache ist Arabisch, daneben ist Französisch als Geschäftssprache weit verbreitet. Mindestens 50 Prozent der Marokkaner sind Analphabeten. Staatsreligion ist der Islam, Staatschef und religiöses Oberhaupt der marokkanische König. Er steht der konstitutionellen Monarchie vor.

Die Gebirgsregionen sind fest in der Hand der Berber, die zirka 30 Prozent der Bevölkerung ausmachen. Sie gehören unterschiedlichen Stämmen an und sprechen ihre eigene Sprache in verschiedenen Dialekten, die nicht mit dem Arabischen verwandt sind. Fast alle Berber beherrschen aber neben ihrer Muttersprache den marokkanischen Dialekt des Arabischen, außer in ganz abgelegenen Gegenden. Sie haben ihre Kultur und Lebensweise mehr oder weniger erhalten. Frauen können sich unter ihnen wesentlich freier bewegen als in Regionen, wo Araber zu Hause sind.

Die Landwirtschaft Marokkos kann als wichtigster Wirtschaftssektor betrachtet werden. Es gibt eine verschwindend geringe, überaus vermögende Oberschicht, aber die Hälfte der erwerbstätigen Bevölkerung ist in der Landwirtschaft, zum Teil als Lohn- und Saisonarbeiter, tätig. Kleine Landwirte, die nach unserem Verständnis immer noch sehr ärmlich leben, haben im Vergleich zu diesen Arbeitern wenigstens eine Existenzgrundlage. Pferde sind für diese Leute jedoch immer noch so gut wie unerschwinglich. Zum Einsatz kommt eher ein Muli. Repräsentative Pferde findet man nur bei größeren Bauern, deren – im Vergleich zum Durchschnitt der Bevölkerung – durchaus existierenden „Wohlstand" wir aber nur auf den vierten oder gar fünften Blick erkennen würden. Nicht überall ist zum Beispiel fließendes Wasser oder Strom inklusive! Angebaut werden Getreide, Hülsenfrüchte, Gemüse, Obst, Oliven, Zitrusfrüchte, Baumwolle, Wein, Mandeln, Datteln und Tabak. Die Viehzucht in den Steppen der Meseta, im Osten des Landes und in den Gebirgen wird teilweise nomadisch betrieben (Schafe, Ziegen, Rinder, Esel, Kamele, Pferde). Rund zehn Prozent des Waldbestandes sind Korkeichen. Küsten- und Hochseefischerei an der Atlantikküste sind bedeutend für den Export.

Auf einer Fläche von rund 250.000 Hektar wird Hanf angebaut, um Haschisch zu erzeugen, das in Europa einen Marktanteil von etwa 70 Prozent besitzt. Vom Export, der etwa 3000 Tonnen Haschisch pro Jahr umfasst, leben schätzungsweise 200.000 Bauern mit Familien, also etwa eine Million Marokkaner.

Eine der weitaus wichtigsten Einnahmequellen Marokkos sind jedoch die Geldüberweisungen der im Ausland lebenden und arbeitenden Marokkaner. Allein in Europa leben rund eine Million marokkanische Arbeitsemigranten, die durch ihre Überweisungen für eine Devisenzufuhr von etwa 2,2 Milliarden Euro sorgen – für Marokko eine unerlässliche Summe, die sämtliche Einnahmen aus dem Tourismus oder dem Export von Phosphaten übersteigt. Die Pferdezucht konzentriert sich auf den fruchtbaren Norden. In den Hochgebirgen sowie im Süden des Landes findet man kaum Pferde. Wie bereits erwähnt: Der weitaus größte Pferdebestand Nordafrikas befindet sich in Marokko. Hier hat das Pferd auch eine soziale Bedeutung, bereichert Hochzeiten und Feste auf dem Land. Auch seine Arbeitskraft ist nach wie vor unersetzlich und wird in der kleinbäuerlichen Landwirtschaft weitaus intensiver genutzt als in Algerien und Tunesien. Von größter Bedeutung ist auch die Mulizucht. Auf dem Land und in den zerklüfteten Bergregionen werden weitaus mehr Mulis geritten und zur Feldarbeit herangezogen als Pferde.

Pferde der Berber: Rassestandards

Die meisten westlich geprägten Kulturen wollen für gewöhnlich alles etwas genauer wissen als die Menschen in Afrika. Exterieur und Interieur einer jeden Rasse sollen und müssen genau definiert werden – sonst ist es ja keine! Auf diese Weise, so die Idealvorstellung, ist für die Bedürfnisse eines jeden Reiters das perfekt zugeschnittene Pferd zu finden. Selbst wenn das einzelne Individuum schon mal gehörig davon abweichen kann: Ausnahmen bestätigen schließlich die Regel und Papier ist geduldig! An vierbeinige Freizeitpartner werden die verschiedensten Ansprüche gestellt. Bestimmte Faktoren stehen jedoch immer auf der Wunschliste eines Reiters: Nervenstärke, Robustheit sowie ein guter, ausgeglichener Charakter. Attraktives Äußeres schadet natürlich nicht. Viele Zuchtverbände buhlen mit entsprechenden Lobeshymnen und Versprechungen über ihre Rasse um die Gunst der Käufer. In Nordafrika allerdings müssen sich die Pferde der Berber mit genau diesen Eigenschaften

Berber sind attraktive, rundlich kompakte und bodenständige Pferde.

heute noch im täglichen Leben und nicht im gemütlichen Freizeitbereich immer wieder aufs Neue bewähren. Um die Rasse macht man sich dabei nicht halb so viele Gedanken wie hierzulande. Hauptsache, das Pferd erledigt seinen Job! Die besten Pferde im nordafrikanischen Alltag sind verschiedenste Mischungen aus den Rassen Araber und Berber und vereinen im optimalen Fall jeweils deren positive Eigenschaften. Leider hat sich im gängigen Sprachgebrauch für diese Pferde, die in Nordafrika sehr wohl als eine „Rasse" gelten und bei Weitem am häufigsten vertreten sind, bisher keine andere Bezeichnung als die des „Araber-Berbers" gefunden. Wenn im Folgenden die nordafrikanischen Pferdevarianten Berber, Araber und Araber-Berber etwas genauer beleuchtet werden, dann erfolgt das nach gängigen europäischen Kriterien.

Berber: Nervenstärke, Neugier und Treue

Wer einmal nähere Bekanntschaft mit Berberpferden gemacht hat, wird schnell gemerkt haben, dass sie genau wissen, mit wem sie es zu tun haben. Den Respekt muss man sich jedoch bei aller Gutmütigkeit schon verdienen. Hat man das eindeutig geklärt und ist die Rangfolge klar, muss das für eine andere Person noch gar nichts heißen. Vermenschlicht gesehen würde man diese Eigenschaft als „Treue" bezeichnen, und genau diese Eigenschaft wird auch in der Literatur viel zitiert. Man geht sogar so weit, den Berber als „Hund, den man reiten kann" zu bezeichnen. In der Antike passt das Klischee noch besser. Da sollen diese Pferde ihren Reitern ohne Sattel und Zaumzeug überallhin gefolgt sein. Im Zweifelsfall sind sie jedoch sehr eigenständig und ergreifen schon mal für sich und den Menschen die Initiative.

Die Menschenbezogenheit auf ihre Bezugsperson ist eine der vielen Eigenschaften, die den Berber so sympathisch machen. Er ist ein Pferd fürs Leben, das für und mit seinem Herrn durch dick und dünn geht. Aufgrund beständiger Selektion in lebensfeindlicher Umgebung sind die ganz besonderen Charaktereigenschaften inzwischen fest in den Genen dieser Tiere verankert. Heillose Flucht in unzugänglichen, zerklüfteten Gebirgsregionen ist oft riskanter als die Gefahr selbst. Nervenstärke war also für diese Pferde und ihre Reiter schon immer überlebenswichtig. Berber neigen eher selten dazu, vor Gefahren blindlings davonzulaufen. Meist tendieren sie schon als Fohlen dazu, besonnen stehen zu bleiben und erst mal zu beobachten, wie ernst man die scheinbare Bedrohung wirklich nehmen muss. Kommt Zeit, kommt Flucht – verteidigen können sich diese Pferde zur Not sogar gegen Löwen. Davonlaufen? Erst in allerletzter Not – sehr angenehm in unserer modernen, lärmenden Zeit. Straßenlärm? Hundegebell? Flugzeuge? Laute Kinder oder Schubkarren? Lohnt es sich, dafür davonzulaufen? „Abwarten und Tee trinken": Dieser

Neugierig und nervenstark sind Berber schon von Geburt an.

Spruch spiegelt perfekt die Mentalität von nordafrikanischen Menschen und Pferden wider. Davon profitieren unsichere Reiter oder Anfänger genauso wie Fortgeschrittene! Was nützt die schönste Pirouette, wenn das Pferd sie nur in absolut stiller Umgebung vollführen kann?

Ihre Wendigkeit und Schnellkraft verdanken diese Pferde übrigens auch dem unübersichtlichen Gelände. Manchmal entdeckt man einen Felsspalt oder Abhang erst im allerletzten Moment, darf dann weder Nerven noch Balance verlieren und muss vor allem seine verletzlichen Beine schnell wieder sortiert bekommen. Bisweilen ist es auch erforderlich, sich mit einem gewaltigen Sprung wieder auf festen Boden in Sicherheit zu bringen. Viele Berber beherrschen solche katzenhaften Bewegungen in Perfektion und haben sichtlich Spaß daran, wie ein Gummiball herumzuhüpfen!

Nervenstärke und Beweglichkeit bedingen eine weitere Eigenschaft: Die Pferde sind neugierig und für alles zu begeistern – Hauptsache, es macht Spaß. Eintönige Wiederholungen in der Bahn langweilen sie. Da wird der eine oder andere Berber schon mal kreativ und lässt sich selbst eine kleine Abwechslung in Form einer blitzschnellen Kehrtvolte oder etwas Ähnliches einfallen.

Gefährlich werden können erwachsenen Importpferden allerdings Zäune, besonders dann, wenn sie nicht sorgsam daran gewöhnt wurden, diese Umgrenzung ihres Lebensraumes zu akzeptieren. In Nordafrika hatten sie nämlich keine Gelegenheit, Freilauf zu genießen, und Zäune sind daher auch völliges Neuland für diese Tiere. Da haben es ihre in Europa geborenen Kollegen schon wesentlich einfacher! Allen gemeinsam ist jedoch die Ruhe, wenn sie sich vielleicht doch einmal in Drähten oder

Elektrobändern verheddern sollten. Bevor man sich unnötig aufregt, wartet man erst mal gelassen ab, ob nicht irgendein menschliches Wesen hilft.

Jede Form von Anstrengung bedeutet schließlich einen Energieverbrauch, und wer weiß, ob man diese Energie nicht später noch für wichtigere Aufgaben braucht? Berber gehen sparsam mit ihren Kräften um, sind aber im Falle eines Falles bereit, für ihren Menschen ihr Äußerstes zu geben. Das hohe Ansehen, das diese Pferde bei Reitern aller Herren Länder über Epochen hinweg genossen haben, kommt wirklich nicht von ungefähr.

Es macht wenig Sinn, den Berber nach seinen Herkunftsländern Marokko, Algerien und Tunesien in verschiedene Typen einteilen zu wollen. Es scheint eher angemessen, eine Typisierung nach äußeren Merkmalen vorzunehmen, die wiederum von den Bedingungen der unterschiedlichen Zuchtregionen geprägt wurden. Die Größe und das Gebäude des Pferdes werden maßgeblich von seiner geografischen Herkunft beeinflusst. Pferde, die über Generationen in so unterschiedlichen Gebieten wie fruchtbaren Küstenebenen, kargen Gebirgen, kalten und steppenartigen Hochebenen oder am Rande der Sahara gezüchtet wurden, unterscheiden sich zum Teil erheblich im Aussehen. Es ist nur natürlich, dass Temperatur und Niederschläge großen Einfluss auf die Vegetation haben und dass die Entwicklung eines Tieres mit seiner Ernährung und seiner Umwelt zusammenhängt. Selbstverständlich hat auch der Mensch durch seine Auslese großen Einfluss auf Aussehen und Charakter der Tiere.

Hält man sich das riesige Zuchtgebiet vor Augen, das sich im Wesentlichen von Südmarokko bis nach Tunesien auf über 3000 Kilometer erstreckt, ist die Bildung von lokalen Typen nicht verwunderlich und hat ihre Berechtigung. Nur an die jeweils vorherrschenden Klimabedingungen und Nutzungsweisen angepasste Pferde bringen die beste Leistung. In den regenreichen und fruchtbaren Küstenebenen in Algerien und Marokko sind die Pferde schwerer, größer und in unseren Augen vielleicht weniger charakteristisch für ihre Rasse. In den Bergregionen sind die Tiere stämmiger und weniger elegant. In den Hochebenen findet man ein gut entwickeltes, harmonisches, gut genährtes Berberpferd, das man vielleicht als am typischsten einstufen kann. Die Pferde am Rande der Sahara sind leichter, hochbeiniger und sehr elegant. Aber so grundverschieden diese Typen alle sein mögen, sie haben doch eines gemeinsam: die legendären Qualitäten des Berbers.

Die deutsche Zuchtbuchordnung des VFZB (Verein der Freunde und Züchter des Berberpferdes) lehnt sich an eine französische und nordafrikanische Standardisierung an und wünscht sich beim Berberpferd folgende Merkmale:

Äußere Erscheinung

– Farbe: alle Farben außer Cremello und Albino
– Größe: Hengste zwischen 1,50 und 1,60 Meter, Stuten zwischen 1,48 und 1,60 Meter (Stockmaß Widerristhöhe) mit einer Toleranz von maximal zwei Zentimetern

Rasse- und Geschlechtstyp

– Erwünscht ist das Erscheinungsbild eines quadratischen, abgerundeten und harmonischen Reitpferdes. Die Ausstrahlung der Hengste soll männlich, aber zurückhaltend sein, die der Stuten mütterlich und gelassen. Erwünscht ist ein mutiges, lernwilliges, außergewöhnlich rittiges, geschmeidiges, leistungsbereites und leistungsfähiges Pferd mit Ausgeglichenheit, hoher Belastbarkeit, Robustheit und Ausdauer. Eine starke emotionale Bindung an die Bezugsperson ist erwünscht, wie auch ein angenehmes Sozialverhalten Artgenossen gegenüber. Das Langhaar soll dicht, lang, glänzend und stark sein und weist häufig eine natürliche Wellung auf.
– Unerwünscht sind insbesondere ein eckiges oder schlaksiges Erscheinungsbild, heftige, schwierige, nervöse, scheue, unrittige, behäbige oder widerwillige Pferde, ein plumper Kopf, ein stumpfsinniger Blick, unklare Gelenke, dünnes oder spärliches Langhaar und bei Zuchtpferden fehlender Geschlechtsausdruck.

Kopf, Hals

– Der edle, trockene Kopf soll lang und schmal sein, das Profil ist leicht gewölbt mit stark abgerundeter Nasenknorpelpartie, Ramsnasen sind rassetypisch. Die Nüstern sind unauffällig, klein, länglich und wenig markant, die Augen liegen hinter der Stirnlinie seitlich am Kopf und sind eher klein und etwas von den Lidern bedeckt, der Glaskörper steht nicht über das Brauenbein hervor, die Augenfarbe soll dunkel sein. Die Stirn ist breit und verjüngt sich auf Jochbeinhöhe drastisch, das Nasenbein ist in der Mitte links und rechts von tiefen, trockenen Einwölbungen gerahmt.
– Die Ganasche soll unauffällig und wohlproportioniert sein, die Kinnlinie gerade und eben, das Kinn fest, wohl ausgeprägt

Dieser algerische Berberhengst besticht durch seine faszinierende Ausstrahlung.

Ein reiner Berber bewegt sich äußerst kraftvoll mit viel Präsenz.

und markant. Der Unterhals mündet auf der Hälfte der Ganasche in den Kopf, die Ganasche ist an der Unterseite geschlossen und nicht ausgehöhlt oder frei. Die Lippen und das Maul sollen fest, aber entspannt sein. Das Genick soll lang mit eleganter, beigezäumter Kopfhaltung sein, der kurze Hals in einem weichen Bogen geschwungen und massiv, mit viel Oberhals und reichlich Unterhals. Der Übergang in den starken, hohen Widerrist soll fließend sein.

– Unerwünscht sind eine zu schmale oder vorgewölbte Stirn, dicht beieinanderstehende, zu kurze Ohren, ein Hechtkopf oder Ansatz davon. Nicht erwünscht sind ebenfalls zu tief liegende Augen mit traurigem Blick und weite oder sehr ausgeprägte Ganaschen. Unerwünscht sind insbesondere ein Axthieb, ein dünner, flacher, langer Hals, ein Kipphals oder Hirschhals und wenig Ober- und zu viel Unterhals.

Gebäude

– Erwünscht ist ein Pferd im Quadratformat, der Winkel der Schulter harmoniert mit dem der Kruppe, eine etwas schmale Brust ist rassetypisch (besonders in der Jugend), die Brustmuskulatur soll kräftig ausgeprägt sein (Bug). Der Widerrist soll weit und sanft in den Rücken reichen. Die Schulterblätter sollen hochgezogen sein, die Kruppe schräg, rund und von großzügiger Länge. Der Rücken soll kräftig, gerade und kurz sein, mit starker Nierenpartie (Stuten dürfen etwas länger im Rücken sein). Der Schweifansatz ist tief und eingesteckt, die Hinterhand muskulös und durch starke Winkelung zur Hankenbiegung befähigt. Die Bemuskelung der Hinterhand soll birnenförmig sein (von hinten gesehen in Kniehöhe umfangreicher als an der Hüfte).

– Unerwünscht sind ein flacher oder kurzer Widerrist, eine sehr breite Brust, ein langer, schwacher, weggedrückter Rücken und Rückendeformierungen wie Karpfenrücken oder Sattelrücken sowie eine horizontale, schwache oder zu kurze Kruppe und ein abgespreizt getragener Schweif.

Fundament
– Die Gliedmaßen sind gerade, trocken und stark, die Vorderbeine eng stehend. Die starke Vorbrust (Bug) ist ebenso rassetypisch wie die kurzen, starken Röhrenknochen (nicht unter 18 Zentimeter Umfang). Hohe, mittelgroße, robuste Hufe.
– Unerwünscht sind Teller- oder Zwanghufe, schwache Röhrenknochen und insbesondere zehenenge (Nachsicht bei Originalimporten mit Fesselmalen), bodenweite, bodenenge, rück- und vorbiegige Gliedmaßenstellung und steile oder zu weiche Fesselung.

Bewegungen
– Geradlinige Bewegungen; flüssiger, taktmäßiger, geschmeidiger Schritt (Viertakt), Trab (Zweitakt) und Galopp (Dreitakt) sind erwünscht. Wichtig sind guter Untertritt bei mäßigem Raumgriff, versammelter, energischer Antritt und Trittsicherheit. Gern sieht man mäßige Knieaktion. Das Berberpferd soll beim Stillstehen gelassen sein und seinem Führer willig und selbstbewusst folgen.
– Unerwünscht sind Gangfehler wie Streichen, Bügeln, Schlurfen oder Drehen sowie fehlender Schwung.

Die Bewegungen des typischen Berbers sind kurz und kraftvoll. Die Pferde können durchaus das Tempo eines Warmblüters halten, jedoch mit höherer Schrittfrequenz. Da der kompakte Rücken dabei erst gar nicht ins Schwingen kommt, sitzt der Reiter äußerst bequem und nahezu erschütterungsfrei – ideal für Menschen mit Rückenbeschwerden und auf langen Ritten.

Kurze Schritte, kompakter Bau und ihre natürliche Aufmerksamkeit machen diese Pferde extrem trittsicher. Ein kleiner Fehltritt wird sofort korrigiert, auch steiles, steiniges Gelände und holprige Wege stellen kein Problem dar. So mancher Reiter, der an europäische Rassen gewöhnt ist, staunt nicht schlecht, welche Hänge diese Pferde auch in unseren Breitengraden wie Ziegen überwinden. In ihrer Heimat kennen sie oft nichts anderes.

Der Galoppsprung ist sehr kurz und wirkt versammelt. Auch bei höherem Tempo sind Berber immer noch gut zu regulieren und lassen sich auch in der Gruppe gut durchparieren – ein typisches Merkmal für nordafrikanische Pferde. Die schwierigen Lebensbedingungen zwingen dazu, mit den Kräften gut hauszuhalten! Natürlich bestätigt auch hier die Ausnahme die Regel.

Ihrer angeborenen Aufrichtung in Verbindung mit dem leicht zügelbaren Temperament und der Nervenstärke verdanken Berber und deren Kreuzungsprodukte ihren legendären Ruf als die besten Reitpferde weltweit. Sie wurden und werden geschätzt von Kaisern und Königen, von Kavallerie und Polizei, von Distanz- und Freizeitreitern sowie von Showreitern in Nordafrika wie in Europa.

Araber: Adel pur

Mit den arabischen Pferden ist das so eine Sache. Für die einen sind sie der Inbegriff von Schönheit, Sensibilität und Leichtigkeit, für die anderen verkörpern sie durch züchterische Modeströmungen degenerierte Showpüppchen. Tatsächlich ist der Araber eine ganz und gar außergewöhnliche Rasse, über deren Eigenschaften so viel geschrieben und erzählt wurde, dass sich die Regale biegen. Wir wollen uns hier auf das Wesentliche beschränken, das auch Nordafrika betrifft. Es geht nicht um die inzwischen gängigen, in den Köpfen der Pferdefreunde fest etablierten, filigranen Schönheiten der Showringe, die sicher ebenfalls ihren Teil zum Ruhm und zur weltweiten Verbreitung der Rasse beigetragen haben.

Unsere nordafrikanischen Araber sind jedoch ungeschminkt. Sie stehen ungewohnt großrahmig auf solidem Fundament und kräftigen Hufen mitten im nordafrikanischen Leben. Auf den Staatsgestüten findet man kraftvolle und edle Pferde mit typvollen Gesichtern, ansprechenden Reitpferdepoints, guten Bewegungen und jeder Menge Charisma. Natürlich gelten sie auch hier als bedeutendes, wunderschönes Statussymbol. Alle Vollblutaraber auf den Gestüten haben selbstverständlich volle Papiere. Im Gegensatz zu den Berbern und Araber-Berbern, die man den Züchtern kostenlos zur Verfügung stellt, werden Decktaxen verlangt. Privatleute sind auch in Nordafrika bereit, sehr viel Geld für die Tiere zu bezahlen, erfreuen sich an ihrem orientalischen Flair und der Rennleistung. Man benötigt sie aber auch für die Zucht von Araber-Berbern. Dazu jedoch später mehr.

Neben dem Berber und dem Achal-Tekkiner hat der Araber einen großen Anteil an der Begründung nahezu aller bekannten europäischen Reitpferderassen. Ihre spezielle Blutzusammensetzung ermöglicht arabischen Pferden einen verbesserten Sauerstofftransport. Das macht sie zu besonderen Leistungsträgern: ausdauernd, schnell und hart mit außergewöhnlich kurzer Regenerationszeit. Dies sind perfekte Eigenschaften für den Galopp- und den Distanzrennsport, die Paradedisziplinen des Arabers, die er weltweit dominiert. Natürlich sind Araber auch geeignet für „gewöhnliches“ Reiten und Fahren. Dafür braucht es aber schon gefühlvolle Pferdeleute, die in der

Das Pferd hat in der arabischen Welt einen besonders hohen Stellenwert.

Lage sind, dauerhaft Vertrauen aufzubauen und für das sensible, hochintelligente Tier zu rechtfertigen. Ein arabischer Windhund lässt sich auch nicht wie ein deutscher Schäferhund erziehen.

Araber sind vital und reaktionsschnell. Sie versprühen ein überschäumendes Temperament, schweben anmutig mit hocherhobenem Schweif, weit geblähten Nüstern und bodenverachtenden Bewegungen über den Sand. Die Rasse präsentiert sich unglaublich attraktiv und erfreut sich nicht zuletzt deshalb einer wachsenden Beliebtheit unter Freizeitreitern, die sich auch genügend Zeit nehmen, auf die wunderbaren Tiere einzugehen. Bei all ihrem Adel sind Araber im Grunde ihres Wesens stets sanftmütig und menschenbezogen mit grundehrlichem Charakter. Sie wollen unbedingt kooperieren, benehmen sich fast wie Familienmitglieder und lebten früher nicht nur bei, sondern auch in den Zelten der Beduinen.

Ungerechte oder gar grobe Behandlung vertragen sie jedoch überhaupt nicht. Man kann einen Araber nicht zu etwas zwingen – er will davon überzeugt werden! Im Zweifelsfall setzen sie sich zur Wehr oder retten sich vor der vermeintlichen Bedrohung in haltloser Flucht. Im Gegensatz zum Berber stammen Araber ursprünglich aus wesentlich übersichtlicheren, flachen Wüstenregionen. Dank großer Augen sahen sie einen vermeintlichen Feind bereits von Weitem kommen und konnten auf deutlich besseren Bodenverhältnissen ohne Risiko blindlings in jede Richtung davonstürmen. Hinzu kommt ein im Verhältnis zum Körpervolumen außergewöhnlich großes Gehirn. Ebenso wie Berber denken sie mit und warten nicht unbedingt auf eine Initiative ihres Reiters. Diese Eigenschaft kann sehr positiv empfunden werden, wenn man genügend einfühlsam ist und sie für sich zu nutzen versteht. Sie kann aber bei weniger verständnisvollem Umgang zu einigen Problemen führen – die jedoch im jeweiligen Menschen, nicht im Pferd begründet liegen.

Araber sind einfach nichts für jedermann, und das weiß man auch in Nordafrika. Für den täglichen Arbeitseinsatz sind die reinen

Kurzer Rücken, hoch angesetzter Schweif und Hals, feines, trockenes Fundament, edler Hechtkopf mit großem Auge: Der arabische Typ ist unverwechselbar.

Arabische Pferde scheinen mit ihren raumgreifenden, federnden Schritten förmlich über den Sand zu schweben.

Vollblutaraber im Vergleich zum Berber oder zu Kreuzungsprodukten eindeutig zu anspruchsvoll hinsichtlich Futter und Haltung und so gut wie nicht geeignet. Wenn man es sich leisten kann, schmückt man sich mit ihnen und nutzt die Rasse lediglich zum Freizeit- und Sportvergnügen oder für die Zucht.

Die überwiegend weißen, fuchsfarbenen oder braunen Vollblutaraber bestechen durch ihre trockene, wohlproportionierte Erscheinung. Auffallend sind feines Haarkleid und seidiges Langhaar. Der Hechtkopf ist klein mit auffallend großer, breiter Stirn, ausgeprägten Ganaschen sowie einem mehr oder weniger konkaven Nasenprofil. Die Ohren wirken durch ihre Form mit nach innen gedrehten Spitzen kleiner, als sie sind. Große, ausdrucksvolle Augen, sehr bewegliche, dehnbare Nüstern und ein kleines Maul vervollständigen den „edlen" Eindruck. Der gebogene Hals ist gut angesetzt mit leichtem Genick und ausgeprägtem Widerrist. Eine lange, gut bemuskelte, schräge Schulter lässt große Bewegungen zu. Der Rücken ist mittellang, elastisch mit fast horizontaler bis dachförmiger Kruppe sowie einem

Typisch Araber! Bei einem solchen Gesicht schmelzen nicht nur Liebhaber edler Pferde dahin.

hoch angesetzten und in Bewegung auch sehr hoch getragenen Schweif. Die Beine sind klar modelliert mit markanten, kräftigen Gelenken, langen, elastischen Fesseln und kleinen, harten Hufen. Die zwischen 1,40 und 1,58 Meter großen Pferde sind gesund und langlebig. Ihr Schritt ist energisch und fleißig, der Trab federnd und schwungvoll, der Galopp energisch und rund.

Der Prophet Mohammed wusste, warum er das arabische Pferd in einigen Suren des Korans lobend erwähnte und ihm damit ein unsterbliches Denkmal setzte: „Die Kraft der Gläubigen liegt in den Hufen ihrer Pferde." Gute Pferde garantierten den Erfolg seiner Truppen, die auf dem Rücken dieser Pferde auszogen, um den Islam in der Welt zu verbreiten. Damit verbreiteten sich aber auch die Pferde und bewährten sich als Veredler nahezu aller Rassen, denen sie dabei begegneten. Dank enthusiastischer Liebhaberzuchten wird der ursprünglich aus dem zentralen Hochland der arabischen Halbinsel stammende Vollblutaraber heute auf der ganzen Welt gezüchtet.

Araber-Berber: Optimierung beider Ausgangsrassen

Ein guter Winzer ist durchaus in der Lage, aus verschiedenen Ausgangsweinen eine in der Qualität erheblich bessere Mischung zu erzielen, als die einzelnen Ausgangsweine zu bieten hatten. In Deutschland nennt man das Ergebnis lapidar „Verschnitt", die Franzosen bezeichnen es viel vornehmer als „Cuvée". Genauso verhält es sich mit Pferden. Bei guter Wahl der Ausgangsprodukte vereint die Mischung zweier Rassen mitunter von beiden das Beste. Für Nordafrika das Nonplusultra – das, was man im Maghreb züchterisch anstrebt, weil man für solche Pferde die meisten Verwendungsmöglichkeiten hat. Leider gibt es für dieses Cuvée nur den leidigen Begriff des „Araber-Berbers" – egal wie exquisit das Produkt aus dieser Kreuzung auch sein mag.

Gekreuzt wurden die beiden Ausgangsrassen bereits während der islamischen Eroberung im siebten und achten Jahrhundert. Wie viele arabische Pferde die muslimischen Invasoren mitbrachten, ist umstritten. Und wie diese Pferde aussahen, weiß man auch nicht genau. Das Produkt aus diesen Anpaarungen war für die Reiter ideal und den jeweiligen Elterntieren überlegen. So entstand vor über tausend Jahren die erste planmäßige Araber-Berber-Zucht, die auf ganz besondere Weise die Vorteile beider Pferdetypen in sich vereint.

Man findet diese Rasse in keinem Buch, obwohl die Pferde in Nordafrika und Europa sehr wohl als eigenständige Population in Zuchtbüchern geführt werden. Araber-Berber sind keine zufällige Kreuzung,

Je nach Blutzusammensetzung vereinen Araber-Berber verschiedene Exterieur- und Interieurmerkmale der Elterntiere. Manche erinnern sogar an mitteleuropäische Warmblüter. Ihre unglaubliche Vielseitigkeit macht sie zu den beliebtesten und am weitesten verbreiteten Pferden Nordafrikas.

sondern ein so weit wie möglich geplantes Ergebnis einer gezielten Anpaarung. Die richtige Mischung macht es, garantiert aber für nichts! Optimale Ergebnisse sind genauso wenig selbstverständlich wie bei anderen Rassen. Ein bisschen Glück gehört auch beim perfekten Araber-Berber mit dazu. Im Idealfall vereint er Mut, Nervenstärke, Robustheit und Treue des Berbers mit der Schnelligkeit, Ausdauer und Schönheit des Araberpferdes. Diese Pferde stellen mit einem Anteil von zirka 90 Prozent an der gesamten Pferdepopulation die am weitesten verbreitete Pferderasse Nordafrikas dar, gefolgt vom reinrassigen Araber, dem Anglo-Araber und dem Berber. Je nach Blutzusammensetzung der Eltern ergeben sich sehr unterschiedliche Modelle. Die Pferde können sowohl Merkmale vom arabischen Pferd zeigen, wie große Augen und schräge Schultern, die für mehr Bewegungsfreiheit sorgen, als auch die abfallende Kruppe, Beweglichkeit und den dichten Behang vom Berber. Dazwischen gibt es unzählige Abstufungen.

Die Ausprägung dieser Merkmale lässt häufig bessere Rückschlüsse auf den Berber- oder Araberanteil zu als die angegebenen Prozente in den Papieren. Angegeben wird immer der Anteil des arabischen Blutes. Paart man einen Berber mit einem Araber an, geht der Anteil des arabischen Elternteils mit 100 Prozent in die Rechnung ein und wird durch zwei geteilt. So erhält man einen Araber-Berber mit 50 Prozent Araberanteil. Leider funktioniert die Sache in der realen Züchterwelt nicht so leicht, wie sie klingt, da häufig Araber-Berber mit Arabern oder Araber-Berbern und manchmal auch mit Berbern angepaart werden. Außerdem gibt es viele Pferde, die erst nachträglich in die Zuchtbücher aufgenommen werden. Dabei wird der Araberanteil stets auf 50 Prozent festgelegt, egal ob das Pferd nun im Berber- oder im Arabertyp steht. So verlieren diese Zahlen nach ein paar Generationen im Vergleich zur Ausprägung spezieller körperlicher Merkmale gewaltig an Bedeutung.

Die ungeheure Beliebtheit der Araber-Berber in Nordafrika liegt in ihrer unbegrenzten Vielfalt begründet. Sie ermöglicht die Nutzung ein und desselben Pferdes als nervenstarkes Showpferd, siegreiches Rennpferd oder geduldiges Arbeitstier, am besten mit bequemem Tölt, damit man schnell mal den Nachbarn besuchen kann. Je vielseitiger, desto teurer und wertvoller sind die Pferde. Sehen sie dann auch noch repräsentativ aus und haben vielleicht noch die seltene Palomino- oder Rappfarbe, dann werden von den wenigen Reichen schier unvorstellbare Preise gezahlt, die bei Weitem das übertreffen, was man in Europa für ein gutes Freizeitpferd aufbringt. Der reine Araber blieb dank seines Prestigewertes erhalten, der Berber konnte dem deutlich besser verwendbaren Kreuzungsprodukt nicht mehr das Wasser reichen. Der Verdrängungsprozess war so groß, dass die Berber heute vom Aussterben bedroht sind.

In Nordafrika und Frankreich gibt es zwar Bemühungen, eine Art Zuchtziel zu beschreiben, aber es scheint den dort ansässigen Institutionen aufgrund der stark unterschiedlichen Pferdetypen schwer möglich, eine Definition vorzunehmen, bei der nicht der überwiegende Teil der Pferde benachteiligt würde. Verschiedene wissenschaftliche Arbeiten dazu laufen. In Deutschland nimmt man es gewohnheitsgemäß etwas genauer. Hier geht es nicht ohne klar definiertes Zuchtziel. Dabei stellt man sich einfach den idealen Araber-Berber vor, der gemäß der Zuchtbuchordnung des VFZB wie folgt aussieht:

Der Araber-Berber soll in allen Exterieurbereichen die positiven Eigenschaften des rein gezogenen Berbers und des Vollblutarabers harmonisch und gefällig in sich vereinen, was sich besonders in einer stärkeren orientalischen Ausstrahlung und eleganterem Körperbau ausdrücken und in raumgreifenden, schwingenden Bewegungen niederschlagen soll. Bei zunehmendem Berberanteil sollen die Charaktereigenschaften des Berbers stärker zur Geltung kommen. Erwünscht ist ein mutiges, lernwilliges, außergewöhnlich rittiges, geschmeidiges, leistungsbereites und leistungsfähiges Pferd mit Ausgeglichenheit, hoher Belastbarkeit, Robustheit und Ausdauer.

Eine starke emotionale Bindung an die Bezugsperson ist erwünscht, wie auch ein angenehmes Sozialverhalten Artgenossen gegenüber. Der edle, trockene Kopf soll Berber- oder Arabermerkmale aufweisen. Die Ganasche soll wohlproportioniert sein, erwünscht ist ein Pferd mit Tendenz zum Quadratformat. Der Araber-Berber soll über eine ausgeprägte Gurtentiefe verfügen, der Rücken soll kräftig, gerade und kurz sein. Wichtig sind guter Untertritt, energischer Antritt und Trittsicherheit. Das Araber-Berber-Pferd soll beim Stillstehen gelassen sein und seinem Führer willig und selbstbewusst folgen.

Der Araber-Berber ist kein beliebiger Rasse-Mix, sondern eine weltweit anerkannte, eigenständige Pferderasse.

Auswüchse und Irrwege

Einen Auswuchs der Araber-Berber-Zucht stellt der Araber-Berber-Bretone dar, häufig fälschlicherweise als Bretonen-Berber bezeichnet. Nachdem man über Generationen die Einkreuzung leichter und für die Rennbahn gezogener Araber in den Araber-Berber vornahm, wurden die Pferde immer kleiner, leichter und schneller und damit für die Fantasia nur noch wenig interessant. Dort ist ein stattliches Pferd mit unerschütterlicher Ruhe bei angenehmem Temperament erwünscht, das seinem Besitzer alle Ehre machen soll. Aufgrund eines Mangels an kräftigen, stämmigen und guten Berbern griff man einfach auf die aus Frankreich nach Nordafrika gekommenen Bretonen zurück und glaubte, die einheimischen Pferde damit wieder in ihren ursprünglichen Typ zurückführen zu können. Das Ergebnis dieser Bemühungen waren schwere Araber-Berber mit eindeutigem Kaltbluteinschlag: Spaltkruppe, überaus kräftige Gelenke und dichter Kötenbehang. Auf den ersten Blick imposant, aber für die Wüste völlig untauglich!

Einige dieser Hengste deckten sogar in den Nationalgestüten und wurden dort als „reine Berber“ ausgegeben – ein Skandal für die ohnehin schon schwer ramponierte Berberzucht. Mittlerweile erkannte man den Irrtum und nahm die Pferde aus der Zucht, aber bei der reitenden Bevölkerung erfreuen sie sich immer noch großer Beliebtheit. Schließlich macht ein Pferd seinem Besitzer mehr Ehre, wenn es größer und kräftiger ist als andere.

Ritt durch die Geschichte

Die nordafrikanischen Pferde haben sich wahrscheinlich aus den von verschiedenen Einwanderungsströmungen mitgebrachten Pferden als eigene Rassen herausgebildet.

Da die Pferde der Berber über Jahrtausende eine überragende Rolle in der Geschichte der Menschheit spielten, ist ein Blick die bewegte Vergangenheit von Mensch und Tier unerlässlich. Berber waren von allen Seiten unglaublichen Einflüssen ausgesetzt. Dank ihrer zähen Natur überlebten sie immer irgendwie, selbst unter widrigsten Bedingungen. Das Klima Nordafrikas ist bei Weitem nicht das angenehme Urlaubswetter, das einem aus den Prospekten der Reiseveranstalter entgegenstrahlt. Hitze und Kälte geizen nicht mit Extremen auf kleinstem Raum. Heißer oder eisiger Wind wirbelt feinsten Staub auf, der das Atmen erschwert und durch jede Ritze dringt. Hochebenen und Gebirgszüge mit schwierigstem Gelände sind beständiger Erosion durch gewaltige Temperaturunterschiede ausgesetzt. Selbst mit den modernen Errungenschaften der Technik ist es nicht ohne Risiko, in die unwirtlichen Gegenden vorzudringen. Per Pferd ist das Risiko geringer. Ungeheuer genügsam, trittsicher und resistent gegen die Unbilden der Natur, trug und trägt es noch heute zum Überleben der von ihm abhängigen Völker bei. Nur die Tsetsefliege begrenzte seine weitere Verbreitung nach Süden. Heutzutage nennt man das lapidar „natürliche Auslese", aber insgesamt ist es angesichts der geografischen und klimatischen Verhältnisse eine unglaubliche Leistung in Bezug auf das Verbreitungsgebiet dieser Tiere. Die verschiedenen Einwanderungsströme diverser Reitervölker bildeten offensichtlich eine ideale Grundlage für den anfänglichen Rassecocktail, denn das Ergebnis überzeugte am Ende weltweit auf ganzer Linie. Der Siegeszug des nordafrikanischen Pferdes begann in der Antike, fand seinen Höhepunkt in der Barockzeit und endete noch lange nicht mit der Entdeckung der Neuen Welt. Selbst das Englische Vollblut verdankt seinen Ursprung diesen Pferden und sorgt durch seine Popularität im Sport und als Veredler nahezu aller Warmbluttypen dafür, dass es rund um den Globus fast keine Großpferde gibt, in deren Adern nicht einige nordafrikanische Blutstropfen fließen.

Die Wurzeln

Aufgrund dieser geschichtlichen Basis ist die These eines einheitlichen Ursprungs des Berberpferdes wenig wahrscheinlich. Pferdepopulationen wie Tarpan, Mongolen und Turkmenen waren nach heutigen Kenntnissen die frühen Vorfahren der nordafrikanischen Pferde. Den größten Einfluss sollen laut zahlreichen Studien die Mongolenpferde gehabt haben, die über die Ägäis nach Libyen kamen, noch bevor das Pferd in Ägypten genutzt wurde. Über 18.000 Jahre alt sind Höhlenmalereien im algerischen Hoggargebirge – erste Spuren menschlichen Lebens in einer damals keineswegs lebensfeindlichen Umgebung. Noch vor 4000 Jahren war die Sahara eine fruchtbare Region und die Menschen lebten hauptsächlich von der Viehzucht. Das Vorkommen von Pferden zu dieser Zeit ist umstritten und kann nicht eindeutig nachgewiesen werden. Erst zwischen 4000 und 2000 v. Chr. lösten globale Klimaänderungen enorme Völkerwanderungen aus. Mit ihnen wanderten auch domestizierte Pferde aus dem westlichen und südlichen Kleinasien und dem ägäischen Raum über Libyen in die Sahara und Nordafrika ein. Weitere Bevölkerungsströme aus Europa und Asien sind durch Felszeichnungen belegt. Auf sie gehen die hellhäutigen Menschen mit blonden Haaren und blauen Augen zurück, die heute noch unter den Berbervölkern zu finden sind.

Diese Reitervölker hatten vermutlich keinen gemeinsamen Ursprung und waren demnach auch kein einheitliches Volk. Häufig gab es ethnische Auseinandersetzungen zwischen den einzelnen Stämmen. Die ansässigen Viehhirten wurden von ihnen in südlichere Gebiete wie das heutige Niger und den Sudan verdrängt.

Die Pferde der eingewanderten Reitervölker wurden dann in ihrer neuen Heimat durch die über Jahrhunderte dauernde Einflussnahme des Menschen, des Klimas und erneute Blutzuführungen durch Kriege und Völkerwanderungen zu dem, was wir heute unter dem „Berberpferd" verstehen.

Das antike Nordafrika

„Libyen" war nach dem Verständnis des antiken Griechenlands „Nordafrika". Die Region bestand bereits etwa 2000 bis 1000 v. Chr. aus den beiden Reichen Numidien und Mauretanien. Man kann sie getrost als die Wiege des Berberpferdes betrachten. Das numidische Königreich, dessen Bewohner die Griechen als „Berber" bezeichneten, erstreckte sich über das Territorium des heutigen Tunesiens und Ostalgeriens. Mauretanien schloss sich Numidien im Westen an und reichte über Zentralalgerien bis ins heutige Marokko hinein.

Rund 600 Jahre vor der Besetzung durch Rom eroberten die Phönizier einen Teil der nordafrikanischen Gebiete und gründeten 814 v. Chr. nahe Tunis im heutigen Tunesien Karthago. Der Überlieferung nach wurde die Stadt auf einem bei Ausgrabungen gefundenen Pferdeschädel gebaut. Als Zeichen für Fruchtbarkeit, Reichtum und Macht wurden Pferde von den Karthagern geradezu vergöttert. Pferdekopf und Palme waren demnach häufig gebräuchliche Symbole auf Geldstücken und der Landesflagge der Phönizier. Die Römer bezeichneten die Karthager als Punier. Der Name „Phönizier" ist von der griechischen Bezeichnung „Phoinikes" abgeleitet. Sie selbst haben sich nie „Phönizier" oder ähnlich genannt, sondern stets nach den Städten, aus denen sie kamen (zum Beispiel Sidonier: Leute aus Sidon). Hier zeigt sich eine Parallele zu den Berberstämmen, die sich ja auch selbst nie als solche bezeichnet hatten.

Die Karthager unterhielten mit den angrenzenden Reichen des antiken Libyens gute Kontakte. Große Teile der Kavallerie wurden mit Numidern und Mauren bestückt, die auch ihre Pferde mit in den Krieg nahmen. Die Pferdezucht spielte bei den Karthagern eine wichtige Rolle. Sie führten große Gestüte mit dem Ziel, genügend Pferdenachschub für die Kriege zu züchten. Der Ackerbau wurde zu dieser Zeit noch

Pferde waren schon immer wichtiger Bestandteil des nordafrikanischen Lebens.

mit Rindern betrieben. Es ist von 100.000 Fohlengeburten jährlich die Rede, und eine Lieferung von 10.000 Pferden für das Militär war kein Problem. Das übertrifft bei Weitem die heutigen Geburtsraten an Pferden in Nordafrika.

Als Punische Kriege bezeichnet man eine Serie von drei Kriegen der Antike. Bei diesen Kriegen handelte es sich um die Eskalation des Konflikts zwischen Karthago, der alteingesessenen See- und Handelsmacht, die den westlichen Mittelmeerraum kontrollierte, und dem jungen Römischen Reich, das soeben Herr über Italien geworden war und nun weiter expandieren wollte. Diese Entwicklung musste zu einem Konflikt führen, der in drei blutigen Kriegen über einen Zeitraum von fast 120 Jahren ausgetragen wurde. Obwohl Rom vor allem während des Zweiten Punischen Krieges nicht zuletzt wegen der überragenden nordafrikanischen Reiterei mehrmals an den Rand der Vernichtung gedrängt wurde, stand es nach Abschluss eines jeden dieser Kriege als Sieger da, während Karthago merklich geschwächt daraus hervorging. Nach dem totalen Triumph bei der Schlacht von Zama 202 v. Chr. lag Karthago am Boden, die dritte Auseinandersetzung versetzte dem nordafrikanischen Reich den Todesstoß.

Als die Römer in Nordafrika einfielen, hatten sie es zunächst mit einer neuen Art der Kriegsführung zu tun bekommen. Die Numider ritten leichte, schnelle und wendige Pferde, sie selbst dagegen saßen auf wesentlich schwereren Tieren. Außerdem waren sie durch die Wildheit der „Barbaren“ erschreckt und ergriffen oft genug bereits bei ihrem bloßen Anblick die Flucht. Schnell erkannten sie die außergewöhnlichen Qualitäten der afrikanischen Pferde gegenüber ihren eigenen, behäbigen Tieren. Bis zu diesem Zeitpunkt war die Kavallerie der Römer recht unbedeutend, weshalb ihr Hannibal mit seiner numidischen Reiterei in der Schlacht bei Cannae weit überlegen gewesen war.

Sofort begannen die Römer, diesen bisher vernachlässigten Teil ihrer Armee auszubauen. Zunächst forderten sie bei Numidern und Mauren Unterstützung an. 5000 bis 8000 Mann wurden vor allem mit Pferden rekrutiert. Zusätzlich richtete man überall in Nordafrika große Pferdezuchten ein, um das Militär mit neuem, besserem Material zu versorgen. Mit durchschlagendem Erfolg: Wo immer ein Pferd in römischen Abbildungen, Reliefen oder Mosaiken zu sehen ist, trägt es eindeutige Merkmale des Berbers. Römische Mosaiken zeigen bei einer Jagdszene sorgfältig eingeflochtene Hengste, die ohne Gebiss und Sattel geritten werden, mit kurzem, kräftigem Hals, flachem Widerrist, kurzer Schulter, kleinen Hufen, abgerundeter Hinterhand und dem typischen Schweifansatz, den wir heute als „tief eingesteckt“ bezeichnen. Auf einigen Darstellungen sind töltende Pferde zu erkennen, immer in dem beschriebenen Typ „Numide“ oder „Berber“, keinesfalls Araber, die erst viel später eine Rolle spielten. Pferderennen gab es mit und ohne Streitwagen. Siegerpferde tragen Trophäen wie Federbusch, Halsschmuck und Fuchsschwanz. Sie sind auf der linken Hinterhand gekennzeichnet oder gebrannt und der Name jedes Pferdes steht unter dem Abbild. Zahlreiche Siege maurischer Pferde werden bereits zur Zeit der Griechen beschrieben. Die numidischen Reiter sind sogar bei Abbildungen des Angriffs auf Troja unverkennbar: Reiter auf kleinen Pferden ohne Gebiss, auf afrikanische Art und Weise geritten.

Der große griechische Geograf und Geschichtsschreiber Strabon schwärmt 58 v. Chr. von den bemerkenswerten numidischen Reitern. Wie Mosaiken und Ausgrabungen belegen, unterschied sich deren Reitweise deutlich von der anderer Völker: Wenig bekleidete Reiter ritten lediglich mit Halsring und kleiner Gerte ohne Satteldecke und Zaumzeug auf kleinen feurigen Pferden. Im Gegensatz dazu benutzte man im östlichen Orient ebenso wie in Griechenland brutale Gebisse und Satteldecken. Manche Nordafrikaner reiten ihre Pferde noch heute ohne jegliche Einwirkung von Zügeln. Junge Pferde bekommen beim Einreiten mit einem Stöckchen oder der flachen Hand einen Klaps auf den Hals, um sie in eine andere Richtung zu dirigieren.

Strabon beschreibt das numidische Pferd als klein, lebhaft, sogar feurig und dabei sehr folgsam. Es laufe seinem Herrn hinterher wie ein Hund, ohne dass dieser eine Leine brauche, um es festzuhalten. Schmunzeln Sie nicht ungläubig über diese Bemerkung! Der Franzose Jean François Pignon zeigt in seinen unglaublichen Vorstellungen auch heute immer wieder seinem staunenden Publikum, dass das selbst beim schwierig zu dressierenden „Fluchttier Pferd“ durchaus im Bereich des Möglichen liegt. Bis zu sechs Tiere gleichzeitig gehorchen ihm völlig freiwillig und absolut kontrolliert ohne jede Hilfs- und vor allem Druckmittel in allen Gangarten, zeigen unbeschwert die schwierigsten Dressur- und verblüffende Zirkuslektionen. Sie stammen

Leicht, trittsicher und wendig: wichtige Markenzeichen nordafrikanischer Pferde. Damit waren sie ihren europäischen Artgenossen weit überlegen und deshalb nicht nur beim Militär entsprechend beliebt.

Kaum jemand beherrscht heute noch wie der Franzose Jean François Pignon die Kunst, Pferde ohne Sattel und Zaumzeug zielgerecht zu lenken. In der Antike waren die nordafrikanischen Reitervölker berühmt dafür und zogen auch so in den Krieg.

von südfranzösischen Pferdemärkten. Alle stehen im Berbertyp. Leider ist das Wissen um diese wunderbare Form der Reitkunst inzwischen irgendwie verloren gegangen. Ein schrecklicher Verlust – vor allem für die Pferde.

Auch im Aussehen unterschieden sich die hochgelobten numidischen Reittiere deutlich von den größeren, römischen Pferden europäischer Herkunft, die zudem unter ganz anderen Bedingungen lebten. Die Numider sollten nämlich laut dieser Beschreibung ein geradezu ärmliches Bild abgegeben haben, wenn sie ihrem Feind gegenübertraten. Menschen und Pferde waren klein und schmächtig, die Reiter halb nackt und nur mit einem Speer bewaffnet. Die Pferde galoppierten mit ausgestrecktem Hals und hinabhängendem Kopf. Sie kannten kein Körnerfutter und kamen mit nur sehr wenig Wasser aus. Das andauernde Training unter knappen Bedingungen und bei fehlender Pflege verlieh ihnen zwar dieses ärmliche Aussehen, aber eine unermüdliche Ausdauer. Außerdem waren sie auf ihren kleinen, harten Hufen so trittsicher, dass sie in schwierigstem Gelände zurechtkamen. Die historischen Quellen bemängeln zwar die bescheidene Optik dieser Tiere, bescheinigen ihnen jedoch gleichzeitig eine außerordentliche Rittigkeit und Leistungsbereitschaft. Ein antiker Zeitgenosse schreibt:

Suche dir ein Pferd aus Mauretanien (Anm. d. Autoren: heute Marokko und Westalgerien). Lasse dich nicht von seiner Optik täuschen. Sein Kopf ist nicht hübsch, sein Bauch missgestaltet, aber vertraue mir. Es lässt sich mit einem Klopfen angaloppieren und mit einem Klopfen anhalten; es rennt über offenes Gelände und lässt die neidischen Rivalen hinter sich zurück. Es behält seine Lebendigkeit und Gesundheit bis ins hohe Alter, und sein Temperament verliert es erst, wenn sein Körper ihm die Dienste versagt.

Neben der städtischen und ländlichen Bevölkerung des von Römern besetzten Nordafrikas nomadisierten Viehhirten in den nahe liegenden Gebirgen und Hochebenen. Sie lebten nach herkömmlichen Bräuchen von ihren Viehherden und Weidegründen. Für die römische, städtische Bevölkerung war das Pferd nur für die Reichen, die Armee oder zur Fortbewegung. Für diese Menschen auf dem Land war das Pferd hingegen weitaus mehr. Es diente gleichzeitig zum Hüten der Viehherden, zur Verfolgung von Viehdieben, zur Jagd und war vor allem eines: Symbol ihrer Freiheit! Tatsächlich konnten diese Gebiete von den Römern nie eingenommen werden.

Vandalen in Afrika

So schlecht wie ihr Ruf sind die Vandalen eigentlich gar nicht; zumindest taten sie in ihrer Eroberungswut nichts, was andere Völker nicht auch getan haben. Außerdem kann man ihnen erstaunlicherweise in Bezug auf die nordafrikanische Pferdewelt besondere Verdienste anrechnen. Ursprünglich aus dem germanischen Raum stammend, zogen diverse Stämme nach Spanien und begründeten dort verschiedene kurzlebige Staatswesen. Wahrscheinlich verweist sogar der andalusische Landschaftsname (Vandalusien) auf die Vandalen.

Nach verschiedenen kriegerischen Auseinandersetzungen übersiedelten größere Vandalengruppen (zirka 15.000 bis 20.000 Krieger und ihre Familien; Prokopios spricht von insgesamt 80.000 Menschen) im Mai 420 n. Chr. nach Afrika. Mit in den Booten: relativ kräftige, kompakte, germanische Pferde mit leichten Ramsnasen, die vielleicht etwas an Tarpane erinnerten. Nach 20 Jahren Aufenthalt auf der Iberischen Halbinsel waren auch Mischformen mit den dort einheimischen Pferden wahrscheinlich. Mit diesen Tieren zog man munter durchs heutige Marokko und Algerien, eroberte, raubte und plünderte, was das Zeug hielt. Die Vandalen waren nicht zahlreich genug, um Nordafrika durchgängig zu besiedeln, wohl aber tapfer, erfolgreich und nach 30 Jahren auch mächtig genug, um zum erfolgreichen Sturm aufs verhasste Rom zu blasen. Ihre Pferde haben im nordafrikanischen Raum ebenfalls bleibende Spuren – oder genauer gesagt: krumme Nasen – hinterlassen. Gerade in Ostalgerien, wo sich die Vandalen etwas länger aufhielten, findet man viele ramsköpfige, kräftig gebaute und großrahmige Berberpferde.

Invasion der Araber

Kaum hatte Nordafrika Römer und Vandalen verkraftet, kamen gegen Ende des siebten Jahrhunderts n. Chr. die Araber. Von ihnen stammt auch die Bezeichnung Maghreb – ein arabischer Begriff für die von Ägypten aus gesehenen „Länder der untergehenden Sonne“ (im Westen gelegen).

Bisher hatten sie mit ihren schnellen, arabischen Pferden alles erobert, was sich ihnen in den Weg stellte. Jetzt trafen sie plötzlich auf ernst zu nehmende, ebenbürtige tierische und menschliche Gegner: Berber. Es waren die Einzigen, die sich gegen die arabischen Angreifer zur Wehr setzen konnten, und sie waren deren ärgste Widersacher. Nur langsam gelang es den Aggressoren, der Region ihre Kultur, Sprache und Religion aufzuzwingen. Die Araber konnten sich jedoch nie in Sicherheit wiegen, die stolzen, kriegserprobten Berber zuverlässig und dauerhaft in Schach zu halten. In den Zelten ersannen die selbstbewussten Sheiks eine ebenso einfache wie bequeme Lösung: Man übertrug den Berbern militärische Aufgaben und ließ sie einfach die „Drecksarbeit“ erledigen. So sorgten am Ende entgegen der landläufigen Meinung überwiegend Berber für die weitere Verbreitung des

Araber brachten gegen Ende des siebten Jahrhunderts ihre Wüstenpferde ins Land der Berber. Spätestens seit dieser Zeit mischen sich beide Pferdetypen mehr oder weniger miteinander.

Islam. Ihre Pferde nahmen sie natürlich mit in die neu besetzten Gebiete; in der Heimat kreuzte man die Bestände mit den von den Arabern importierten Orientalen.

Verschiedene Stimmen behaupten, dass die Araber ohne oder nur mit wenigen Pferden kamen, da es in ihrer Heimat kaum Zuchten gab. Noch 25 v. Chr. schreibt Strabon die Beobachtungen von Aelius Gallus auf: „Es gibt dort keine Pferde oder Mulis, nur Kamele und Rinder." Daher liegt die Vermutung nahe, dass die Araber auf ihrem Weg Pferde aus Syrien und Ägypten mitnahmen. Etwa im ersten Jahrhundert n. Chr. begann allerdings die Pferdezucht bei den Arabern; bei der Invasion nach Nordafrika ist von Tausenden von Pferden die Rede. Diese könnten aber auch aus Libyen mitgenommen worden sein; unwirtliche natürliche Bedingungen verhinderten die Mitnahme von sehr vielen Pferden aus der Heimat. Auch waren sicher eher Kamele dabei; die Chefs sind aber wahrscheinlich vereinzelt auf Pferden geritten.

Angekommen in Tripolis und später in Tunesien haben die Araber auch sehr wahrscheinlich mehr Pferde in besserem Zustand vorgefunden als in ihrer Heimat. Die Methode, Pferde des besiegten Feindes zu beschlagnahmen, scheint so alt zu sein wie die Kriegsführung selbst.

Man kann sich die Besetzung Nordafrikas sicher mehr als Eroberung des Islam vorstellen anstatt als Einfall Tausender von Arabern. Wahrscheinlich gelang es den Arabern eher, die verschiedenen Bevölkerungsgruppen in Nordafrika von ihrer Idee zu begeistern, als sie zu bekämpfen. So gelangte ihr Chef Mouca Ibn Nocair bis nach Tanger und von dort nach Europa.

Berberfürst Tarik eroberte mit seinen Truppen die Iberische Halbinsel und beeinflusste über 700 Jahre lang maßgeblich Leben, Kultur und Pferdezucht im heutigen Spanien und Portugal.

Sprung nach Europa: Die Mauren erobern Andalusien

Berberfürst Tariq ibn Ziyad führt die Mauren (abgeleitet von der römischen Provinz Mauretanien beziehungsweise dem Königreich Mauretanien) im Jahr 711 im Auftrag der Araber ins christliche Spanien. Noch heute trägt die Landungsstelle in Europa seinen Namen: Gibraltar (Djebel-al-Tarik, arabisch für „Berg des Tarik"). Entgegen landläufiger Meinung befanden sich unter den 12.000 berittenen Soldaten nur zwölf Araber. Nicht sie, sondern die Berber brachten den Islam nach Europa und verteidigten ihn erfolgreich über 700 Jahre lang. In dieser Zeit erlebte die seit der Antike in Qualität und Quantität stets wachsende Pferdezucht dieses Volkes eine unvorstellbare Blüte.

Als beste Kämpfer im Heer galten die Berber vom Stamm der Zeneten (oder Zenetas) aus dem nördlichen Auresgebirge und von Ifriqia in Tunesien. Die Überlegenheit der maurischen Soldaten gegenüber den Spaniern beruhte überwiegend auf ihrer Reitweise: Während die in unflexiblen Heeren organisierten Europäer mit unhandlichen Waffen beladen „à la Brida“, das heißt langbeinig und steif im hochzwieseligen Sattel ihrer schweren Pferde saßen, fegten die leicht bewaffneten Berber (im späten Mittelalter auch Sarazenen genannt) in kleinen, ungemein beweglichen Gruppen übers Land. In kurzen Bügeln standen sie hoch über dem Sattel und verschossen ihre Pfeile problemlos ohne jede Einschränkung äußerst treffsicher in alle Richtungen. Noch heute kennt man unter Stunt- und Trickreitern den schwierigen „Sarazenenschuss“ auf ein Ziel, das hinter dem galoppierenden Pferd liegt. Ohne jede Vorwarnung tauchten die gefürchteten Reiter aus dem Maghreb auf und verschwanden nach erfolgreichem Überfall wieder ebenso spurlos. Sie waren in jeder Hinsicht beweglicher und damit im Kampf erfolgreicher als ihre Gegner.

Aber die Spanier waren lernfähig. Sie begriffen dic Vorteile dieser neuartigen Art zu reiten und änderten ihre Taktik. Dies war die Geburtsstunde der „Jineta Española“. Je nach Quelle lässt sich der Begriff auf das griechische Wort Jinete für einen leicht bewaffneten Reiter oder auf die oben erwähnten Zeneten und die mit ihnen aufs Engste verbundene Technik zurückführen.

Der Berberstamm der Zeneten galt als unschlagbar im Nahkampf. Nach ihnen ist die iberische Reitweise „À la Gineta“ benannt.

Dank einer langsamen Vermischung einheimischer Pferde mit den nordafrikanischen Neuankömmlingen konnte man im Laufe der Zeit auf kompaktere, beweglichere Tiere mit leichterem, harmonischem Körperbau zurückgreifen. Man legte größten Wert auf eine sorgfältige Ausbildung, kürzte die Bügel und war so nach und nach in der Lage, den verhassten Invasoren Paroli zu bieten.

1212 vertrieb ein Bündnis christlicher Könige unter Führung Alfons VIII. von Kastilien die Muslime aus Zentralspanien. Dennoch gedieh das maurische Königreich von Granada weitere drei Jahrhunderte und brachte architektonische Meisterleistungen wie die weltberühmte Alhambra hervor. Am 2. Januar 1492 fiel die letzte muslimische Hochburg unter den Truppen des wiedervereinigten, christlichen Spaniens. Die verbliebenen Muslime und auch die spanischen Juden, die Sephardim, mussten im Zuge dieser Reconquista Spanien verlassen oder zum Christentum konvertieren. Ihre Nachkommen wurden Morisken, beziehungsweise Moriscos genannt, und waren bis weit ins 17. Jahrhundert hinein wichtiger Bestandteil der bäuerlichen Bevölkerung, zum Beispiel in Aragón, Valencia oder Andalusien. Die Reitkunst „Jineta" war nach dem Erfolg der christlichen Krieger in Vergessenheit geraten. Nur in den andalusischen und portugiesischen Stierkampfarenen war und blieb sie dauerhaft im Gebrauch. Noch heute kann man dort „À la Gineta" beim berittenen Stierkampf bewundern – mit iberischen Pferden, deren Ursprung ebenso wie die der Reitkunst in Nordafrika liegt!

Hohes Talent zur Versammlung prädestinierte die Berber zu idealen Schulpferden der barocken europäischen Königshäuser.

Über Europas Königshäuser in die Neuzeit

Die Erfolgsstory der Berberpferde endete in Bezug auf Europa noch lange nicht auf der iberischen Halbinsel. Vom 15. bis ins 20. Jahrhundert beeinflussten die Tiere aus Nordafrika so ziemlich jede Rasse, und das auf höchstem Niveau! Als lebendes Juwel eroberte das „Cheval de Barbarie" (Pferd aus dem Berberland) gemeinsam mit seinen iberischen Kreuzungsprodukten, den Geneten, die noblen Stallungen des europäischen Hochadels. Königliche Pferde wurden zu Pferden der Könige.

Wer auch immer etwas auf sich hielt und es sich leisten konnte, beschaffte sich die Exoten aus dem Süden. Ansonsten gab es im Norden Europas noch keine wirklich eleganten Reitpferde, sondern überwiegend schwerere Schläge. Besonders England, Spanien, Italien und Frankreich nutzten Kontakte nach Nordafrika und pflegten einen regen Warenaustausch, bei dem natürlich auch Pferde den Weg nach Europa fanden.

Einige ausgewählte Beispiele spiegeln den Enthusiasmus der Reichen und Mächtigen wider:

In Italien ...

... war Papst Paul II. im 15. Jahrhundert derart begeistert von dieser Pferderasse, dass er auf der Via del Corso Pferderennen ausschließlich mit Berbern organisierte.

In England ...

... organisierte Richard Löwenherz (1189–1199) erste Importe. Einige Historiker vermuten sogar vorsichtig, dass seine Vorliebe für orientalische Pferde ihn insgeheim zu seinen Kreuzzügen verleitete. Während der Zeiten der Tudors und Stuarts kamen viele Kreuzungsprodukte aus Berbern mit europäischem Zuchtmaterial auf die Insel. Einige Stuten der Royal Studs kamen auch direkt aus Marokko. Namen wie Black Morocco, Young Morocco oder einfach nur Morocco weisen deutlich darauf hin.

Der Duke von Newcastle, einer der größten Gestütseigner seiner Zeit, betont in seinem noch heute beachteten Buch über die Reitkunst seine Vorliebe für den Berber, lobt dessen Kraft, angenehmes Wesen und Gefügigkeit.

Unter Charles I. und Charles II., die 1660 bis 1685 regierten, begann eine gezielte Zucht, um die englischen Pferde zu verbessern. Durch die 23-jährige englische Herrschaft über Tanger (1661–1684) kam es zu zahlreichen Importen von sogenannten „Royales Mares and Barb Mares“.

In Frankreich ...

... ritt der spätere König Henri III. auf einem Berberpferd von Polen nach Frankreich, um seinen Thron zu besteigen. Sein Rittmeister Antoine de Pluvinel (1555–1620), später von Henri IV. zum königlichen Rittmeister berufen, kannte die Qualitäten des Berbers als Kriegspferd und als Reitpferd in der Manege.

Er führte das Berberpferd endgültig in die königlichen Stallungen ein. Er schätzte Kraft, Schwung, Wendigkeit, Gleichgewicht, den guten Willen und das natürliche Gleichgewicht des Berberpferdes – Eigenschaften, die ihm Leichtigkeit und aufgerichtete Gänge verliehen. Damit konkurrierte der Berber mit den besten spanischen und neapolitanischen Pferden. Aber auch diese beiden Rassen waren ja bereits deutlich vom nordafrikanischen Pferd geprägt!

Pluvinel unterrichtete Louis XIII. auf einem Berber namens „Barbe Bay“, später besser bekannt als „Le Bonnite“ – so genannt wegen seiner außergewöhnlichen Güte. Von diesem ganz besonderen Pferd berichtet er:

> Dieses am besten gerittene Pferd des Christentums ist das Vorbild aller Dressurpferde, nicht so sehr wegen seiner Schönheit, sondern wegen seiner begnadeten (oder anmutigen) Bewegungen bis zum Terre à Terre.

Das Terre à Terre, eine Art Schaukelpferdgalopp nahezu auf der Stelle, war die Basis der Schulen über der Erde. Damit machte man Pferde zu Kampfmaschinen, ließ sie mit akrobatisch anmutendemKöpereinsatz aktiv am Gefecht teilhaben oder verwandelte ihre Leiber zu lebenden Schutzschilden für ihre hochwohlgeborenen Reiter.

Ein weiterer königlicher Rittmeister, Sollysel, schrieb:

> Der Mut der Berberpferde ist sicher bemerkenswert; sie gehen immer noch in den Krieg, wenn sie gebrochene Knochen haben oder noch einen Tropfen Blut im Körper besitzen. Sie retten ihren Reiter aus dem Gemenge, so was habe ich noch nie gesehen; sie haben eine exzellente Größe und eine reine Kraft, ein freundliches Naturell und Folgsamkeit. Man sagt, die Berber sterben, aber sie altern nicht, weil sie immer ihre Nerven und Lebenskraft behalten.

Kräftige Zugpferde waren zu dieser Zeit auch in Frankreich überall gegenwärtig, aber für das Militär und den privaten Gebrauch musste man lange Zeit Pferde im Ausland kaufen. Friesen, Holländer und Dänen lieferten elegante Kutschpferde, für gute Reitpferde gab es nur eine Adresse: „En Barbarie“. Ein königlicher Erlass sorgte dafür, dass dies auch bei der französischen Zucht so blieb: Andere Pferde wurden erst gar nicht zugelassen. Auch als Jagdpferde bevorzugte man in Frankreich den Berber gegenüber dem Spanier. Nur Berber vereinten Sportlichkeit, Schnelligkeit und Ausdauer auf die bewährte, einzigartige Weise.

Kreuzungen andalusischer Pferde mit Berbern nannte man Geneten. Jahrelang nach barocken Vorgaben ausgebildet, zeigt ein solcher Hengst den schwierigen Schulsprung Courbette.

1680 gründete Louis XIV. die Reitschule in Versailles, um dort Rittmeister und Offiziere der Kavallerie auszubilden. Der wohl bekannteste Reitmeister dieser Schule, François Robichon de la Guérinière, lehrte dort eine weniger militante, leichtere Reitweise. Für den Vater der französischen Reiterei waren Berber, vor allem tunesischer Herkunft, die besten Pferde für die Reitkunst. 1689 verrichteten 678 Berberhengste ihren Dienst in den französischen Deckstationen.

1731 erhielt der junge Louis XV. vom Bey von Tunis vier Berberhengste geschenkt. Er empfand sie für seine Stallung als zu leicht und reichte sie weiter an die königlichen Gestüte. Auch dort unterschätzte man die wahren Qualitäten dieser Pferde und trennte sich bald darauf von ihnen. Ein folgenschwerer Irrtum: Einer der Hengste wurde weltweit zur Legende.

Godolphin Arabian oder Barb?

Viele Pferde fanden ihren Weg von Nordafrika nach England, um die dortige Pferdezucht zu verbessern. Ein Hengst übertraf die Erwartungen bei Weitem, denn man hatte

Vom verschmähten Staatsgeschenk zum Gründungsvater englischer Vollblüter: Die Geschichte des nordafrikanischen Hengstes „Sham“ ist einzigartig.

Das Blut des Berberhengstes Godolphin Barb, der zeitlebens fälschlicherweise als Godolphin Arabian, also als Araber bezeichnet wurde, fließt heute noch in vielen erfolgreichen Galopprennpferden.

zunächst gar keine in ihn gesetzt! Außerdem war er ursprünglich gar nicht für England bestimmt. Die Geschichte des Berberhengstes Sham vom verschmähten Staatsgeschenk über den Karrengaul bis hin zum Starvererber ist wirklich außergewöhnlich. Das Jugendbuch „König des Windes“ von Marguerite Henry wurde durch sie zum Bestseller, die Verfilmung ließ nicht lange auf sich warten. Diverse historische Quellen geben die Story mehr oder weniger authentisch oder ausgeschmückt wieder. Wenn nur die Hälfte davon wahr ist, scheint sie immer noch unglaublich genug.

Um 1724 erblickte der schwarzbraune Berber Sham das Licht der Welt. 1727 kam er mit drei weiteren Hengsten als Geschenk des Beys von Tunis an den französischen Hof Ludwigs XV. Das Geschenk traf nicht so recht den Geschmack des Monarchen, und so landete das ehemals königliche Pferd angeblich als gemeiner Karrengaul in den Gassen von Paris. Dort wurde zufällig ein Engländer namens Croke auf Sham aufmerksam: Inmitten einer Menschenansammlung sah er das Pferd auf dem Boden liegen. Die Leute versuchten, den Besitzer zu beruhigen, der auf das zwischen den Deichseln eingeklemmte Pferd einschlug. In schlechtem Zustand, mit Wunden übersät, erregte der Hengst das Mitleid des Quäkers. Sein Blick traf den des Pferdes. Trotz ihrer Not hatte die geschundene Kreatur noch eine Noblesse im Auge, die den Mann berührte. Instinktiv schlug Croke dem Händler vor, ihm das Pferd abzukaufen. Trotz des schlechten Zustandes des Hengstes schreckte dieser nicht davor zurück, einen sehr hohen Preis zu verlangen. Angeblich habe er ihn von den königlichen Gestüten gekauft. Erstaunt von dieser Herkunft nahm Croke das Tier mit und erkundigte sich nach dessen Abstammung. Die Herkunft wurde ihm bestätigt, und er beschloss, den Hengst zu behalten.

Sham wurde nach England gebracht und gesund gepflegt. Nach Crokes Tod kam er nach Gog Magog, in das Gestüt von Lord Godolphin. Dieser ignorierte die berberische Herkunft und sah in Sham ein arabisches Pferd. Der Hengst wurde zu „Godolphin Arabian“, und als solcher ist er auch im General Stud Book verzeichnet. Ein Gemälde von George Stubbs vermittelt jedoch einen ganz anderen Eindruck: Muskulös, mit ziemlich unedlem Ramskopf, mächtigem Speckhals, weichem Rücken, gewaltig bemuskelter, abschüssiger Kruppe und tiefem Schweifansatz ist nichts Arabisches an diesem Pferd zu erkennen. Sham war eindeutig ein Berber, aber der damalige Zeitgeist bezeichnete der Einfachheit halber jedes Pferd, das aus Nordafrika kam, als Araber.

Zunächst nutzte man ihn wegen seines angenehmen Charakters nur als Probierhengst, um den wertvollen und berühmten Crack Hobgoblin zu schonen. Je nach Version der Geschichte verweigerte dieser einen Deckakt, und so sprang Sham für ihn ein. Oder: Der kleine Braune entwischte seinem Pfleger, vertrieb Hobgoblin gewaltsam von der Stute Roxana und deckte sie schließlich selbst. Egal wie es war: 1732

Als Godolphin Barb seine Hufe auf europäischen Bodens setzte, ahnte niemand, welchen Einfluss dieser Hengst einmal weltweit haben würde.

Godolphin Barbs Qualität wurde in Frankreich und England gewaltig unterschätzt. Erst spät startete der nordafrikanische Hengst seine Karriere als gefeierter Vererber. Zuvor war er als Karrengaul eingesetzt worden.

Godolphin Barb war ein schwarzbrauner, nicht sonderlich attraktiver Hengst. Er lief selbst keine Rennen, vererbte jedoch an seine ebenfalls unauffälligen Nachkommen phänomenale Schnelligkeit, Ausdauer und Härte.

kam aus dieser Verbindung Shams erster Sohn zur Welt. Der Sprössling machte zunächst einen etwas mickrigen Eindruck und erhielt den wenig schmeichelhaften Namen „Latte". Als er endlich kräftig genug war, um Rennen zu laufen, gewann der schmale Lath eines nach dem anderen. Wie alle späteren Nachkommen des so lange verschmähten Sham war er außerordentlich schnell und ausdauernd zugleich. Er verhalf seinem Vater zu Ruhm und Ehre, und endlich wurde sich auch Lord Godolphin der außergewöhnlichen Qualität des tunesischen Hengstes bewusst. Man wiederholte die Paarung mit Roxana und begründete damit nach Byerly Turk (vermutlich ein turkmenischer Achal-Tekkiner) und Darley Arabian (ein arabischer Koheilan-Hengst) die dritte der heute noch bestehenden Vollblutlinien. Wo auch immer Shams Nachzucht antrat: Stets wurde der mit Gold geschmückte, schwarzbraune Berber ebenfalls vorgeführt, vom Publikum gefeiert und bis an sein Lebensende fälschlicherweise als Araber umjubelt. Er wurde 29 Jahre alt.

Pferde der Berber im 20. Jahrhundert

Noch zu Beginn des 20. Jahrhunderts war der Berber im gesamten Maghreb Fortbewegungsmittel Nummer eins und sicherte den Personenverkehr zwischen den Ortschaften. Auch in der Feldarbeit war er unentbehrlich. Leider spielte er aber auch in der jüngeren Geschichte eine tragende Rolle als Kriegspferd. Die Rasse zahlte dafür einen blutigen Tribut. Selbst deutsche Soldaten zogen im Zweiten Weltkrieg auf dem Rücken tunesischer Pferde bis Moskau. Der Verlust unter den Pferden wird dabei vorsichtig auf etwa 10.000 geschätzt. Die nordafrikanischen Kriegspferde der französischen Spahi-Truppen blieben nach Auflösung der Kolonien in Europa. Die Tiere landeten in Reitställen, der Pferdetyp versank in der Bedeutungslosigkeit. Viele Berber und Araber-Berber wurden ins Zuchtbuch für Anglo-Araber eingeschrieben, andere wurden als O. I. (Origine inconnue – Herkunft unbekannt) geführt. Damit war die offizielle Zucht in Frankreich beendet.

Auf der anderen Seite des Mittelmeers erging es den Berbern noch deutlich schlechter. Wer auch immer es sich leisten konnte,

Beobachtet man nordafrikanische Pferde in ihrer Heimat bei der täglichen Arbeit, bekommt man einen kleinen Einblick, zu welchen Leistungen diese zähen Tiere im Stande sind.

suchte den Anschluss an die Motorisierung in der Landwirtschaft. Viele Bauern verkauften ihre Pferde an Händler. Schiffe transportierten die Berber nach Marseille. Wöchentlich endeten 500 bis 1000 Tiere in den französischen Schlachthäusern. Der Genpool der Rasse wurde dramatisch reduziert. Eine Pferdepestepidemie erledigte 1967/68 den Rest.

Nur wenige Berberpferde überlebten ohne Papiere nahezu unerkannt in den Reitklubs, waren einfach im Umgang, genügsam, billig in Anschaffung und Unterhalt. Vital bis ins hohe Alter fanden sie viele Fans, die von diesem Pferdetyp begeistert waren und auch begannen, sie zu züchten. 1987 wurde der Weltberberverband, die „Organisation Mondiale du Cheval Barbe“ (OMCB) gegründet. 1989 nahm man den Berber wieder in die französischen Zuchtbücher auf. Als fremde Rasse – paradox angesichts des Einflusses, den er auf nahezu alle europäischen Rassen genommen hat.

Weltweiter Einfluss

Qualität setzt sich durch. Das gilt auch und besonders bei der Pferdezucht, und so ist es kaum verwunderlich, dass in nahezu allen weltweit vertretenen und erfolgreichen Rassen das Blut der Berberpferde fließt. Sie haben Geschichte geschrieben. Waren in Troja, bei Hannibal und in Karthago zu Hause und hinterließen seit der Antike in der gesamten „zivilisierten“ Welt ihre Spuren. Mitteleuropa eroberten sie über die Iberische Halbinsel. Dazu hatten sie während der 700 Jahre dauernden maurischen Fremdherrschaft mehr als genügend Zeit.

Die Urform des iberischen Pferdes lebt heute noch im portugiesischen Sorraia fort. Ihr heutiges Aussehen erhielten Andalusier und Lusitanos durch die starke Vermischung mit Berber- und Araberblut. Nicht zufällig ähneln diese Pferde ihren nordafrikanischen Nachbarn! Die berühmten „Spanischen Geneten“, eine Mischung aus Andalusier und Berber, zählten zur Crème de la Crème unter den Schul- und Gefechtspferden. Natürlich selektierten Spanier und Portugiesen nach eigenem Geschmack und Gutdünken und verwischten so immer mehr den ursprünglichen Typ. Als im Mittelalter große Pferde in Mode waren, nahm man zum Beispiel vermehrt schwere, nordeuropäische Hengste in die Zucht. Weitere Barockrassen wie die tschechischen Kladruber oder slowenischen Lipizzaner entwickelten sich in der Zeit der K.-u.-K.-Monarchie in Mitteleuropa ebenfalls auf der Basis iberischen und damit auch nordafrikanischen Blutes.

Als Napoleons Einfluss in Spanien wuchs, wollte er für seine Armee leichtere und vor allem schnellere Pferde haben und

Camarguepferd

Connemarapony

Kladruber

Lipizzaner

Lusitano

P.R.E.-Andalusier

Paso Peruano

Percheron

Quarter Horse

Alle diese grundverschiedenen Pferderassen (und noch viele mehr) sind bei ihrer Entstehung von nordafrikanischen Pferden mehr oder weniger beeinflusst worden. Bei genauerem Hinsehen entdeckt man selbst heute noch bei Kruppen-, Kopf-, Hals- und Augenformen typische Berbermerkmale.

Trakehner

Friese

„Who is who"? Sechs reinrassige Rappen mit erstklassigen Papieren, alle vom Berber beeinflusst. Äußerlich ähnlich, aber doch grundverschieden. Welcher ist der Menorquin, Paso Fino, Lusitano, Berber, Araber-Berber oder P.R.E./Andalusier? Die Auflösung dieses kleinen Rasserätsels finden Sie am Ende des Buches auf Seite 94.

ordnete kurzerhand an, alle Spanier ausschließlich mit Arabern, Englischen Vollblütern, Normannen und Hannoveranern zu kreuzen. Fast hätte er es geschafft, die aus der Mode gekommenen Iberer vollständig auszurotten, wenn es nicht eine kleine, eingeschworene und abgeschieden lebende Gemeinschaft gewagt hätte, sich trotz drakonischer Strafen diesem Befehl von ganz oben zu widersetzen. Die Kartäusermönche in Jerez de la Frontera glaubten an das „reine Blut" und missachteten bereits früher so manches Dekret zur Pferdezucht. Selbst als sich niemand mehr für den „altmodischen" iberischen Pferdeadel interessierte, hielten sie an ihrem Konzept fest und setzten auf ihrem rund 4000 Hektar großen Gestüt bis zu Beginn des 19. Jahrhunderts zur Blutauffrischung ausschließlich Berberhengste ein. Die wenigen heute noch lebenden Kartäuserpferde oder Cartujanos führen immer noch das ursprüngliche Blut und gelten heute als exklusivste Variante der rassereinen Pura-Raza-Española-Pferde (P.R.E.). Auch die portugiesische Nobelvariante des Lusitanos, der Alter Real, der seit 1967 in einem eigenständigen Zuchtbuch getrennt vom P.R.E. geführt wird, stammt von Cartujanos ab.

Verlässt man die Iberische Halbinsel, findet man weitere bekannte Rassen, die auf die Berber zurückgehen, wie den ausgestorbenen, aber seit Neuestem rückgezüchteten italienischen Neapolitaner, nahezu alle französischen Warmblüter, Camarguepferde, Mérens und Menorquin, Welsh Ponys, Connemara, Trakehner und Friesen. Selbst die Kaltblutrassen wie Bretone und Percheron führen Berberblut in ihren Adern. Als Tausend von Sarazenen, ein anderer Ausdruck für Mauren oder letztlich Berber, in der Schlacht bei Poitiers gegen Karl Martell geschlagen wurden, wurden ihre Pferde Kriegsbeute und gingen nach Südfrankreich. So findet man dort auch heute noch viele Pferde, die eindeutig Berbermerkmale führen, wie die runde Kruppe und den tiefen Schweifansatz. Showprofis wie Jean François Pignon haben Pferde, die sich von ihren Verwandten aus Algerien oder Marokko kaum unterscheiden. Sie stammen jedoch überwiegend von südfranzösischen Pferdemärkten. Besondere Bedeutung kommt dem Berber dann noch einmal als einem der drei Gründerväter des Englischen Vollblutes zu. Der berühmte kleine Hengst Lord Godolphins war eindeutig ein Berber, wurde damals aber, wie alle Pferde aus Nordafrika, pauschal als Araber gefeiert.

Auf dem amerikanischen Kontinent waren Pferde erstaunlicherweise nach der Eiszeit wieder ausgestorben – bis Christoph Kolumbus sie gegen Ende des 15. Jahrhunderts wieder einbürgerte. Die Spanier brachten Araber, Berber und andalusische Pferde ins heutige Mexiko. Einige der importierten Tiere entkamen in die Wildnis und verwilderten. Man nannte sie Creolen, „heimisch gewordene Fremde". Später bildete sich daraus in Südamerika Begriff und Rasse des Criollos. Der Criollo wurde zum überaus zähen Arbeitspferd der argentinischen Rinderhirten, der Gauchos. Je nach Verwendungszweck und Lebensraum unterlagen die Tiere mehr oder weniger starken Veränderungen und züchterischer Selektion durch den Menschen.

Letztendlich bildete diese bunt gemischte, aber ursprünglich komplett aus Europa und Nordafrika stammende Pferdepopulation die Grundlage aller amerikanischen Pferderassen. Das gilt sowohl für die südamerikanischen Paso Peruanos, Paso Finos oder Mangalargas als auch für Mustangs und Spanish Barbs aus Mexiko und Nordamerika.

Mit den großen Siedlerströmen im 17. und 18. Jahrhundert kamen auch deren landestypischen Pferderassen auf den nordamerikanischen Kontinent: irische Ponys, Englische Vollblüter, aber auch Percherons, Traber und andere. Aus der Kombination dieser Rassen und den Abkömmlingen der spanischen Pferde entstanden neue, eigenständige US-Rassen wie das American Quarter Horse, von dem aber nur noch die alten Typen entfernte Verwandtschaftsmerkmale zum Berber tragen.

Zucht in Nordafrika

In seiner Heimat ist das „reine" Berberpferd fast vollständig verschwunden und rangiert in den Statistiken weit hinter dem Araber-Berber, dem Anglo-Araber und dem Araber. Sein Anteil an der gesamten Pferdepopulation beträgt nur noch wenige Prozent. Mangelndes Interesse und geringe Nachfrage nach Berbern führte zu dieser verheerenden Situation. Vollblutaraber standen und stehen immer noch hoch im Kurs: elegant und edel, Schmuckstück der Reichen, erfolgreich auf der Rennbahn. Der Ferrari unter den Pferden, von dem man träumt und dem man sich durch immer höheren Blutanteil beim Araber-Berber anzunähern versucht, wenn man ihn sich in der reinen Form schon nicht leisten kann.

Rein optisch verblasste der Berber zunächst gegenüber dem allzu faszinierenden Araber, aber seine charakterlichen und körperlichen Eigenschaften waren gerade in der Kreuzungszucht unerlässlich, um arabisch geprägte Pferde am Ende überhaupt im täglichen Leben einsetzen zu können! Und nutzen wollte und musste man Pferde

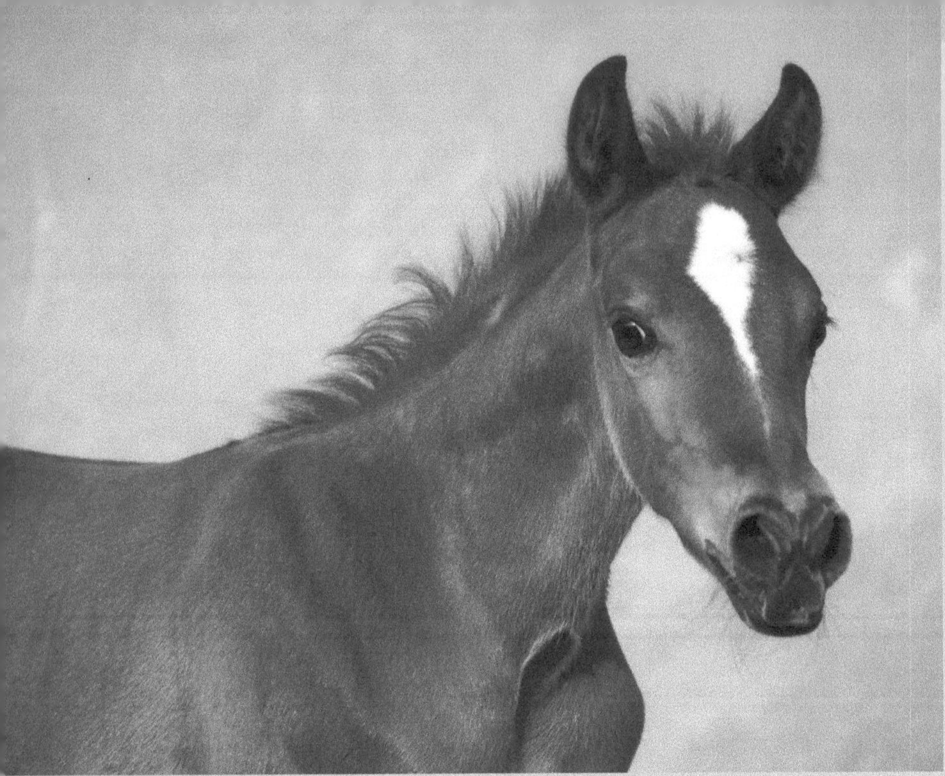

Schicker Araber-Berber-Nachwuchs. Reine Berberfohlen findet man in Nordafrika nur noch sehr selten.

auf jeden Fall. Trotzdem interessierte sich fast niemand mehr für den Berber.

Hinzu kam auch noch die Pferdepest. Sie verhinderte auf dem afrikanischen Kontinent bis in die späten Achtzigerjahre des 20. Jahrhunderts in Algerien und bis in die Neunzigerjahre in Marokko und Tunesien den Import von Equiden nach Europa. Es war also auch nicht möglich, dass eigenständige Zuchten außerhalb Nordafrikas aufgebaut werden konnten.

Fast hätte man zu spät bemerkt, dass die Qualitäten der Berber auch in jedem Araber-Berber fließen und die begehrten Eigenschaften wie Nervenstärke, kräftiges Fundament, ein gewisser Rahmen und eine gewisse Größe sowie das füllige Langhaar durch zu hohen Blutanteil arabischer Pferde unwiederbringlich verdrängt wurden. Erst in letzter Minute wurden von staatlicher Seite in den letzten Jahren Bestrebungen in Gang gesetzt, die Berberzucht vor ihrem endgültigen Verschwinden gezielt zu fördern. Die wenigen noch verbliebenen Tiere reichten aber kaum noch für eine qualitätsvolle Zucht aus. Daher werden auch heute noch alle in Frage kommenden Pferde durch Zuchtkommissionen begutachtet, und nur die, die den entsprechenden Anforderungen genügen, bekommen auch Berberpapiere ausgestellt. Wenn irgendein Einfluss an Fremdblut, vor allem arabischer Pferde, zu erkennen ist, wird das Tier automatisch als Araber-Berber mit 50 Prozent Araberanteil eingetragen. Bei den ländlichen Züchtern geht die Hengstauswahl in den letzten Jahren wieder mehr zuungunsten der reinen Araber zurück zum ursprünglichen Typ Berber oder Araber-Berber, weil die Nachzucht höhere Preise erzielt und sich deutlich besser verkaufen lässt. Ein wachsendes Interesse in Europa hat auch den Export wieder etwas belebt.

Nationalgestüte und private Halter

In Nordafrika existieren grundsätzlich zwei Arten der Pferdezucht: staatliche und private. Die staatliche Zucht wird über die Landwirtschaftsministerien organisiert. Seit 1987 gibt es einen übergreifenden Verband für die Zuchtbelange der Araber-Berber und Berber: den Weltberberverband OMCB (Organisation Mondiale du Cheval Barbe). Hier sind alle Zuchtbuch führenden Länder zusammengeschlossen, um sich über Rassestandards, Zuchtbelange (Richter, Papiere, Kontrollen) zu verständigen. Zu den vom OMCB anerkannten Ländern gehören neben den drei Maghreb-Staaten Marokko, Algerien und Tunesien seit 1989 Frankreich und seit 1993 Deutschland. 2004 erfolgte die Anerkennung von Belgien und der Schweiz. In Marokko, Algerien und Tunesien unterhalten die Landwirtschaftsministerien die nationalen Gestüte und fördern die Zucht nach Möglichkeit.

Das Pferd gilt im Maghreb als Kulturerbe, und obwohl es seinen Stellenwert in der kleinbäuerlichen Landwirtschaft im Laufe der Jahre etwas eingebüßt hat, genießt es immer noch ein sehr hohes Ansehen. Die subventionierten Hengste der Staatsgestüte decken kostenlos überwiegend Stuten aus privatem Besitz. Darunter findet man auch Rieseneselhengste für die Maultierzucht. Die Fohlen erhalten Papiere und werden in die Zuchtbücher der Landesverbände eingetragen. Außenstellen werden ganzjährig oder nur saisonal von Februar bis Mai während der Decksaison betrieben. Der Bestand einer ländlichen marokkanischen Deckstation beläuft sich in der Regel auf zwei Araber-Berber-Hengste, zwei Vollblutaraber,

eigenen Stute zu kombinieren. Für sie geht es um eine potenzielle Einnahmequelle, von der eventuell die ganze Familie lebt!

Die meisten Fohlen kommen im Frühjahr, der Zeit mit dem besten Futterangebot, zur Welt. In den nationalen Verbänden laufen dann alle Fäden bezüglich der Zucht zusammen, werden Zuchtbücher in Zusammenarbeit mit den jeweiligen Nationalgestüten geführt, nationale Zuchtschauen organisiert und koordiniert. Dort belohnt man erfolgreiche Züchter mit hohen Preisgeldern und schafft dadurch erhebliche Anreize zur Qualitätsverbesserung der Pferde. Der erste Preis sichert immerhin den Unterhalt des Pferdes für ein ganzes Jahr!

Ein nicht unerheblicher Teil der privaten Pferdeproduktion entstammt jedoch Zuchten, die ihre Stuten und eigenen Deckhengste unabhängig von den Nationalgestüten halten. Sie befinden sich überwiegend

In den Nationalgestüten hat das rein gezogene arabische Pferd einen hohen Stellenwert.

Araber-Berber- und Berberdeckhengste stehen den Züchtern in den Nationalgestüten kostenlos zur Verfügung.

einen Riesenesel und im Idealfall einen Berberhengst, was jedoch nicht immer der Fall ist. Hier reguliert die Nachfrage das Angebot. Die Besetzung wird über vier Jahre beibehalten, dann werden die Hengste in eine andere Region gesendet, um Inzucht zu vermeiden. Die Züchter haben eine genaue Vorstellung von dem Fohlen, das sie züchten wollen. Es soll später einmal möglichst hohen Gewinn erbringen, sei es für den Eigenbedarf als Rennpferd, in der Zuchtschau, auf dem Feld oder bei einem möglichen Verkauf. So sind die Züchter bei der Auswahl des Hengstes darauf bedacht, die Eigenschaften des Hengstes mit denen der

Das marokkanische Nationalgestüt Meknes ist einer der größten Pferdezuchtbetriebe Nordafrikas und einer der seltenen Orte, an denen man eine größere Stutenherde zu Gesicht bekommt. Die Tiere sind zu wertvoll und im Unterhalt zu teuer, als dass sich Privatpersonen mehrere Pferde leisten könnten.

in der Hand mittlerer und größerer landwirtschaftlicher Betriebe (5 bis 20 Hektar). Für Kleinbauern wurde die Pferdehaltung mit zunehmender Mechanisierung nahezu unerschwinglich. Selbst wenn man das Futter überwiegend im eigenen Betrieb produzierte, verschlingt die Pferdehaltung und -fütterung nach zunehmender Motorisierung und lang anhaltender Trockenheit zum Beispiel in Marokko das komplette Einkommen eines Kleinbauern, von dem bis zu zehn Personen satt werden müssen. Da greift man im Zweifelsfall lieber auf die wesentlich genügsameren Mulis oder Esel zurück.

Auf dem nordafrikanischen Land züchtet man seit Hunderten von Jahren ohne jede staatliche Einwirkung und in unterschiedlicher Qualität genau die Pferde, die man für den eigenen Bedarf benötigt. Interessanterweise findet man aber genau dort bei den eigenständigen Züchtern häufig auffallend gute Pferde. Selbst die Nationalgestüte besuchen diese Höfe regelmäßig, um ihre Hengstbestände aufzustocken! Papiere spielen jedoch nur eine untergeordnete Rolle. Züchter und Käufer sind meistens ohnehin Analphabeten und vertrauen mehr auf Augen und Erfahrung als auf ein Stück Papier. Allerdings darf man auch nicht vergessen, dass man in Nordafrika bereits hochwertige Pferde züchtete, bevor es

Ein imposanter Hengst aus privater Zucht, der die Ideale einer jahrhundertelangen Auslese verkörpert.

Haltung

Der Lebensraum und die Haltung der nordafrikanischen Pferde unterscheiden sich gewaltig von dem, was man in Europa kennt. So ist der Berber, wie oft fälschlicherweise angenommen, keineswegs ein Wüstenpferd. Dort leben und überleben letztendlich nur Kamele. Pferde werden in wüstenartigen Regionen überwiegend für touristische Zwecke oder bei Dreharbeiten für große Filme eingesetzt. Dementsprechend

Private Züchter haben oft nur eine Stute, die der ganze Stolz der Familie ist.

Gehobbelte Pferde sind ein üblicher Anblick im landwirtschaftlichen Kleinbetrieb.

Zuchtbücher oder Papiere gab. Die Menschen dort wissen sehr wohl ein gutes von einem schlechten Pferd zu unterscheiden. Geordnete Zuchtbücher existieren, eingeführt durch die Franzosen, in Algerien erst seit Ende des 19. Jahrhunderts, später folgten Marokko und Tunesien. Verglichen mit der jahrtausendealten Zuchttradition ist dies also eine vergleichsweise junge Praktik, und bis heute ist lange noch nicht jeder Züchter mit den staatlichen Institutionen vertraut. In Afrika ticken die Uhren anders!

Im Grunde genommen vollzieht sich auch in Nordafrika sehr langsam eine ähnliche Entwicklung wie in Europa nach dem Zweiten Weltkrieg, wo die Industrialisierung zum völligen Verschwinden der Arbeitspferde führte. Im Gegensatz zum boomenden Freizeit- und Sportpferdemarkt, der die Vierbeiner bei uns am Ende doch noch überleben ließ, ist eine solche Strömung in Nordafrika jedoch kaum zu erwarten.

Weidehaltung gibt es in Nordafrika nicht, die Bewegungsfreiheit der Pferde beschränkt sich auf die Länge ihrer Anbindestricke. Sollten sie sich einmal darin verheddern, können sie sich sehr geschickt wieder befreien.

konzentriert sich die Pferdehaltung auf Bergregionen und Hochebenen Nordafrikas, auf fruchtbare Talgürtel zwischen den großen Gebirgszügen, wo ganzjährig hochwertiges und reichhaltiges Futter vorhanden ist, und auf die Küstenregionen, wo die Landwirtschaft eine große Rolle spielt.

Weidehaltung ist aus verschiedenen Gründen nicht möglich. Zunächst einmal würden wir auch keinen S-Klasse-Mercedes in der Berliner Innenstadt mit laufendem Motor samt Schlüssel unbeaufsichtigt stehen lassen. So ähnlich verhält es sich mit dem Pferd in Nordafrika. Es hat einen so hohen Wert, dass man es nicht einfach längere Zeit irgendwo herumstehen oder -laufen lassen kann. Eine Weide braucht außerdem einen Zaun. Seit dem Raubbau der Römer an den ehemals stattlichen Wäldern für ihren Galeerenbau ist Holz ein überaus knappes und wertvolles Gut. Elektro- oder Drahtzäune kennt man hier nicht und könnte sie auch nicht bezahlen. Hinzu kommt dann noch ein dritter, sozialer Faktor, gekoppelt an Religion und Tradition: Niemand soll neidisch werden auf irgendwelches Hab und Gut. Besonders wertvolle Dinge hält man unter Verschluss oder versteckt sie sorgfältig – auch Pferde. Niemand möchte riskieren, dass jemand einen „bösen Blick" darauf wirft und einem selbst oder, schlimmer noch, dem Pferd etwas Schlechtes widerfährt. Vorsichtshalber kann man das Tier mit der „Hand der Fatima" gegen den bösen Blick schützen – ein Aberglaube, der den Touristenläden Nordafrikas selbst bei europäischen Besuchern Umsatzrekorde beschert. Nur hin und wieder sieht man weniger wertvolle Arbeitspferde in Gemeinschaft mit Mulis und Rindern grasen. Fohlen dürfen sich frei um die Mutter bewegen. Reitpferde hält man hinterm Haus, in geschützten Innenhöfen oder in Boxen. Angebunden sind sie manchmal am Halfter, meistens jedoch mit einfachsten Hobbels an den Vorderbeinen. Für uns ist dies zunächst ein ungewohnter Anblick, aber es ermöglicht den Pferden einiges mehr an Bewegungsfreiheit, Aussicht und Frischluftzufuhr als ein Boxenaufenthalt. Manche Tiere gehen so geschickt mit Seil oder Kette um, dass sie damit erstaunlich gut und flott galoppieren und sogar klettern können Die Hobbels sind daher stets mit

Nicht alle Pferde in Nordafrika leiden Hunger. Hochwertiges Raufutter ist jedoch Mangelware und daher sehr teuer. Alle Pferdehalter bemühen sich nach Kräften, ihre Pferde angemessen zu ernähren.

einem zusätzlichen Seil gesichert. Wenn sie jedoch, was leider häufig der Fall ist, aus zu dünnen, einschneidenden oder zu fest anliegenden Materialien bestehen, bleiben oft hässliche Narben und Fehlstellungen an den Vorderröhren zurück. Einen Tierarzt bekommen die meisten dieser Pferde nie zu Gesicht. Auf dem Land und in Regionen, wo Berber leben, ist es jedoch eine Ehrensache, auch ein Kutsch- oder Arbeitstier mit dem nötigen Respekt zu halten. Dort findet man gut genährte und gepflegte Pferde vor der Kutsche, und auch im Umgang sind die Menschen dort ihren unersetzlichen vierbeinigen Mitarbeitern gegenüber verbundener als anderswo.

Fütterung

Die Vorstellung, dass die Pferde der Berber in ihrer Heimat grundsätzlich Hunger leiden, ist genauso falsch wie die Annahme, in Europa würde jedes Pferd korrekt gefüttert. Die Fütterung richtet sich nach Region und Verwendung des Pferdes. Üblich sind Futterstroh als Raufutter sowie in der Grünreife geernteter Hafer. Schmackhaft und nahrhaft zugleich stecken die Körner noch in den getrockneten Haferrispen. In fruchtbaren Gegenden mit Bewässerung reicht man oft die eiweißreiche Luzerne als Heu. Das bei uns gebräuchliche Wiesenheu kennt man nicht. Kraftfutter wird auch geschrotet und besteht grundlegend aus Hafer oder Gerste. Dazu kommen zusätzliche eiweißreiche Futtermittel wie Ackerbohnen, Weizenkleie, Rübenschnitzel und Mais. Jeder Bauer hat seine eigenen Präferenzen und mischt in der Regel sein Futter nach Bedarf selbst. Es gibt auch fertig pelletiertes Kraftfutter, das aber auf dem Land wenig zum Einsatz kommt. Es ist vor allem eine Qualitätsfrage, da man sich nie sicher sein kann, was darin enthalten ist, und nicht alles so strengen Kontrollen unterworfen ist wie in Europa. Weizenkleie wird in Nordafrika zum Beispiel gern mal mit Sägemehl verschnitten; da sollte man seinen Futterhändler schon sehr genau kennen. Die Preise bewegen sich übrigens durchaus auf europäischem Niveau, manchmal, gerade bei Heu, auch deutlich darüber. In Marokko kommt ein Ballen Luzerneheu von 20 Kilogramm Gewicht und bester Qualität auf 4 bis 6 Euro. In Trockenjahren steigt der Preis auf bis zu 8 Euro an – wenn man überhaupt etwas bekommt. Bei länger anhaltender Dürre sehen sich viele Pferdehalter gezwungen, sich von ihren Tieren zu trennen. Viele Pferde landen notgedrungen beim Schlachter. Ist der Stall erst einmal leer, fehlt vielen Kleinbauern das nötige Startkapital, um sich wieder ein neues Pferd anzuschaffen. Die Tiere werden höchstens durch Esel ersetzt.

Die Menge der Kraftfuttergaben richtet sich stark nach dem Verwendungszweck der Pferde. Rennpferde bekommen größere Portionen Kraftfutter als Heu, Arbeitspferde erhalten gerade mal das Nötigste. Mit Fantasia-Hengsten meint man es oft zu gut. Sie sollen stattlich aussehen und werden daher regelrecht gemästet – manchmal mit einem ganzen Sack Hafer oder Gerste täglich! Für jeden Warmblüter wäre das der Tod. In Nordafrika werden die Hengste davon „nur" schneckenfett und bekommen Hufrehe – leider kein seltener Anblick.

Möhren und Äpfel kennen die meisten Pferde aus Nordafrika nicht. Es sind verhältnismäßig teure Nahrungsmittel für Menschen! Was die Pferde aber oft erhalten und mit großem Genuss verzehren, sind Melonenschalen. Viele mögen auch die Schalen von Zitrusfrüchten. In südlicheren Gegenden bekommen Pferde, Kamele und andere Tiere nahrhafte Datteln in Futterqualität. Leckerli sind ihnen völlig fremd. Es dauert schon eine Weile, bis sie sich daran gewöhnen.

Bei entsprechendem Futter und Pflege mausert sich so manches hagere Arbeitspferd bisweilen ganz unversehens zum edelsten Ross von unschätzbarem Wert – genau wie einst sein berühmter Urahn Godolphin Barb.

In Dürrejahren wird die Pferdeernährung in Nordafrika zum existenziellen Problem. Nicht selten müssen sich dann viele Züchter und Halter notgedrungen weit unter Preis von ihren Tieren trennen.

Ein Pferd für alle Fälle

Wenn man sich einmal in der Pferdewelt umschaut, findet man kaum eine Rasse, die so vielseitig verwendbar ist wie das Berberpferd und die das auch noch jeden Tag im nordafrikanischen Alltag unter Beweis stellen muss.

Immer wieder haben die Pferde der Berber im Laufe der Geschichte ihren Weg auf den europäischen Kontinent gefunden. Zu Beginn des dritten Jahrtausends tummeln sich etwa 5000 Berber und Araber-Berber im Verhältnis von einem Drittel zu zwei Dritteln in der Alten Welt. Die meisten davon leben in Frankreich, das historisch bedingt seit Langem enge Kontakte zu Nordafrika pflegt. Pferde aus diesem Raum sind daher bestens bekannt und schon seit langer Zeit dort beheimatet. Dennoch wurden 1962 die Zuchtbücher des Berberpferdes nach Erlangung der Unabhängigkeit der Kolonien und Territorien geschlossen, die Pferde anderen Rassen angegliedert (Anglo-Araber) oder als „Pferd unbekannter Herkunft" in Reitställe abgeschoben. Zwei Jahre nach Gründung des Weltberberverbandes wurde 1989 der französische Ableger AFCB ins Leben gerufen. 1993 kam Deutschland mit dem VFZB (Verein der Freunde und Züchter des Berberpferdes) hinzu, bei dem sowohl Berber als auch die viel weiter verbreiteten Araber-Berber eingetragen werden. Es sind allerdings auch andere, übergeordnete Verbände aktiv und nehmen die nordafrikanischen Pferde in Europa unter ihre Fittiche.

Nur rund 400 nordafrikanische Pferde, egal ob Berber oder Araber-Berber, sind in Deutschland zu Hause. Vereinzelte Tiere findet man auch in anderen europäischen Ländern. Nahezu alle Zucht- und Reitpferde sind in privatem Besitz. Daneben gibt es einige wenige größere Gestüte in Deutschland und Frankreich. Hin und wieder werden Neuankömmlinge aus Nordafrika in die Zucht aufgenommen, aber angesichts der immensen Kosten und Risiken eines Importes ist die Zahl relativ gering. Obwohl die Pferde in ihrer Heimat sehr wohl genug zu fressen bekommen, werden ihre Nachkommen in Europa aufgrund der insgesamt besseren Aufzuchtbedingungen inklusive gemäßigteren Klimaverhältnissen leicht um einige Zentimeter größer als ihre nordafrikanischen Vorfahren. Auch beim spanischen Pferd ist dieses Phänomen bekannt.

Auf die Frage, ob es eine Disziplin gibt, in der sich die Pferde Nordafrikas nicht einsetzen lassen, muss man offen und ehrlich sagen: Nein. Solange man nicht den Ehrgeiz hat, sie in Klasse M aufwärts beim klassischen Fahren, Springen oder bei englischen Dressurprüfungen vorzustellen, oder darauf hofft, ein Quarter Horse bei Reining oder Cutting zu schlagen, sind sie wirklich universell verwendbar. Dafür warten viele Araber-Berber und Berber in puncto Gänge auch noch mit einer Sonderausstattung auf: Sie tölten selbst lange Strecken locker, ohne zu ermüden, und bieten ihren Reitern damit Bequemlichkeit de luxe im Sattel. Die flachen, aber doch raumgreifenden Gänge sind leicht zu sitzen. Das weiß auch die marokkanische Königsfamilie zu schätzen, die diese ausgeglichenen und komfortablen Pferde seit jeher mit Begeisterung züchtet. Man kann sich auf ihrem Rücken also sehr wohl wie ein König fühlen! Berber und Araber-Berber sind wie Zehnkämpfer: Man kann sie in allen Disziplinen gut gebrauchen, aber jedes Pferd hat individuelle Stärken, die es zu erkennen und zu fördern gilt. So mancher Reiter schmunzelt zunächst über die kleinen Pferde aus Afrika, ändert aber nach ein paar Wochen und einigen Ausritten gründlich seine Meinung.

Dressur

Die Dressurveranlagung der Berber ist viel zitiert und gerühmt. Das ihnen angeborene, natürliche Gleichgewicht wurde bereits vor 4000 Jahren von den Numidiern beschrieben und war zur Zeit des Barock, als die hohe Schule der Dressur zu ihrer Blüte gelangte, geradezu sprichwörtlich. Große Reitmeister wie François Robichon de la Guérinière und Antoine de Pluvinel lobten diese begnadeten Pferde. Könige und Kaiser waren versessen auf ein Pferd aus der „Barbarie“, wie an anderer Stelle berichtet wurde. Terre à Terre, Courbetten und Croupaden, extrem verkürzte, schaukelpferdartige Galoppsprünge mit stark angewinkelten Vorderbeinen nach allen Seiten, enge Volten, Drehungen und Pirouetten sowie explosionsartig ausgeführte Schulsprünge waren wie für den Berber erdacht und

Unter Andrea Schmitz, einer der besten klassischen Reiterinnen Deutschlands, wird auf Anhieb die Dressurbegabung dieses jungen Araber-Berber-Hengstes sichtbar.

kamen den besonderen Fähigkeiten dieser Pferde entgegen.

Ihr kompakter Körperbau, ihre Klugheit, Beweglichkeit und Leichtfüßigkeit verhelfen ihnen auch heute noch dazu, in verhältnismäßig kurzer Zeit selbst schwierige Dressurlektionen wie Piaffe, Passage und fliegende Galoppwechsel zu lernen. Ihre Kruppenform erleichtert eine vermehrte Gewichtsaufnahme durch die Hinterhand und damit Hankenbiegung und Versammlung. Die von Freizeitreitern so häufig gestellte Frage: „Sind diese Pferde auch für Dressur geeignet?“, lässt sich damit leicht bejahen – vorausgesetzt, der Reiter beherrscht sie auch. Denn wenn ein Reiter mehr von seinem Pferd erwartet, als er selbst zu leisten vermag, ist er mit einem klugen, schnell gelangweilten Berber eindeutig falsch beraten. Das bemerkte schon ein Baron Eisenberg 1748:

Endlose Wiederholungen machen den Berber missmutig und ersticken seinen natürlichen Arbeitseifer, der tatsächlich motivierter ist als bei allen anderen Rassen.

Das Pferd wird sich dann eventuell seine Lektionen lieber selbst ausdenken. Manchmal münden diese Ideen dann ganz unverhofft in den diffizilen Schulen über der Erde, und die wiederum entsprechen nicht immer den Vorstellungen eines unvorbereiteten Reiters.

Der Unterschied in der Dressurveranlagung der Berber im Vergleich zu anderen Rassen wie Warmblüter oder Araber sind die für den Reiter einfach und bequem zu sitzenden, bereits beim ungeschulten Pferd versammelt wirkenden, wenig raumgreifenden Bewegungen. Selbst in höherem Tempo spürt man im Sattel kaum etwas von der Aktion des Pferdes, wobei man natürlich auch keine spektakuläre Trabverstärkung erwarten darf. Der Schwung ist oftmals so gering, dass man beim Leichttraben ganz bewusst aus dem Sattel aufstehen muss. Diese Bewegungen sind sehr angenehm für Reiter mit Rückenbeschwerden oder Hüftproblemen, da die Pferde oft auch recht schmal gebaut sind. Dennoch haben sie genügend Gurtentiefe und eine angenehme Größe für durchschnittlich große Mitteleuropäer. Wer es einmal ausprobiert hat, möchte meist gar nicht mehr absitzen.

Die Hilfengebung darf bei diesen feinfühligen Pferden außerordentlich leicht sein. Auf ständig anstehenden Zügel und unablässig treibende Hilfen reagieren sie oft widersetzlich, was sich je nach Pferd und Tagesform in mehr oder weniger kleinen Bucklern oder durch Stehenbleiben äußert. Leichteste Gewichts- und Zügelhilfen sind den Pferden am angenehmsten, auch reagieren viele außerordentlich gut auf die Stimme ihres Reiters. Der Begriff „Reitsport“ passt mit diesen Pferden irgendwie nicht mehr. Dazu sind sie zu leichtrittig und bequem – kein Wunder, denn wenn das Thermometer im nordafrikanischen Sommer mal auf 40 Grad klettert, möchten Sie sich sicher auch nicht mehr sportlich betätigen!

Viele Trainer und Ausbilder loben die Auffassungsgabe dieser Pferde, was ihnen deren Ausbildung und die tägliche Arbeit im Vergleich zu anderen Rassen erheblich vereinfacht. Da hat sich seit der Antike nicht viel geändert! Der Charakter des Berbers ist heute noch genau so, wie man ihn damals bereits beschrieb.

In ihrer Heimat springen die Pferde über Felsspalten. Warum sollten sie dann bei uns nicht auch problemlos Hindernisse überwinden können? Vereinzelt starten Araber-Berber in Springprüfungen bis Klasse L.

Springen und Fahrsport

Viele namhafte Wissenschaftler gehen davon aus, dass die Springveranlagung unserer heutigen warmblütigen Sportpferde auf die Einflüsse des Berbers zurückzuführen ist. Aber warum sieht man Berber dann nicht mal öfter zumindest auf kleineren Springturnieren? Wahrscheinlich liegt es weniger an der fehlenden Eignung der

Pferde als am Desinteresse der Besitzer an dieser Sparte der Reiterei.

In den Springdisziplinen kommt die Schnelligkeit und Wendigkeit der Berber zum Tragen, verbunden mit der enormen Kraft ihrer gut bemuskelten Hinterhand. Sprünge bis zu einer Höhe von 1,50 Meter sind für viele Pferde eine Leichtigkeit, manchmal sogar aus dem Stand. Das sollte auch beim Zaunbau berücksichtigt werden, denn: Springen in jeder Form macht den meisten Berbern durchaus Spaß. Angesichts der Topografie ihrer nordafrikanischen Heimat ist dies durchaus verständlich: Zerklüftete Felsregionen lassen einen Umweg oft nicht zu, und da muss man halt mutig über einen Felsspalt hinwegsetzen. Im Gegensatz zu den meisten anderen Rassen springen Berber daher auch mal freiwillig über ein Hindernis, das in der Reitbahn oder auf der Koppel herumsteht. Bei entsprechender Förderung wird man mit so einem mitdenkenden, freudig über die Stangen fliegenden Pferd sicher kaum Probleme mit dem Verweigern haben.

Im Fahrsport geben Berber ebenfalls eine gute Figur ab. Auch hier profitiert man von ihrem unerschütterlichen Nervenkostüm. Letztendlich werden ja in Nordafrika bei Weitem mehr Pferde gefahren als geritten! Sie gehen zwar nicht vor einer Marathonkutsche, sondern vor dem Arbeitskarren, aber das ist dem Pferd völlig egal. Nach korrekter Ausbildung verrichten sie ihren Job im Geschirr absolut willig und zuverlässig.

Nervenstärke und Gehorsam sind grundlegende Eigenschaften für ein Westernpferd. Die Berber verlangen von ihren Pferden das Gleiche.

Westerndisziplinen

Nervenstärke und Gehorsam sind Grundbedingungen für ein Westernpferd. Die Berber verlangen von ihren Pferden das Gleiche.

Die Merkmale des Westernreitens mit einhändiger Zügelhaltung, Neckreining und signalartiger Hilfengebung gehören in der nordafrikanischen Heimat des Berberpferdes seit Jahrtausenden zum Reitalltag. Gehorsam und Gelassenheit, Wendigkeit und Tempo, aber auch eine unerschütterliche Ruhe: Das alles erwartet ein Berber genauso wie ein Westernreiter von seinem Pferd. Allerdings bringen die nordafrikani-

Trittsicher und souverän meistern die Pferde selbst schwierigstes Gelände. Seit Jahrtausenden sorgen die unwegsamen Gebirgsregionen Nordafrikas für eine entsprechende Auslese.

schen Pferde erheblich mehr Aufrichtung mit als die gängigen Westernrassen – auch wenn sie bei deren Entstehung kräftig mitgemischt haben! Im altkalifornischen Stil mit schöner Aufrichtung, dressurbetont mit aktiver Hinterhand ausgebildet und geritten, machen Berber daher eine erheblich bessere Figur als im Quarter-Horse-typischen Jog. Auf Turnieren sind sie in der Pleasure ebenso erfolgreich wie im Trailparcours, der den aufgeschlossenen und neugierigen Pferden besonders liegt.

Gelände- und Wanderreiten

Was wollen Freizeitreiter wirklich? Ins Gelände gehen! Zusammen mit ihren Pferden geruhsam durch die Natur bummeln. Unbeschwerte, bequeme Ausritte, eine Stunde oder einen Tag lang. Allein, in aller Stille, oder mit Plaudereien in netter Begleitung. Wenn das nicht klappt, ist die Freude am Pferd erheblich getrübt. Natürlich hat das Verhalten eines Pferdes in ganz erheblichem Maße mit seinem Ausbildungsstand und dem Vertrauen zu tun, das es seinem Reiter entgegenbringt. Für einen durchschnittlichen Freizeitreiter und seine Bedürfnisse gibt es jedoch kaum einen besseren vierbeinigen Kameraden als einen aus Nordafrika. Dort kennt man keine abgeschirmten Reithallen, keine sicheren Reitplätze. Es geht immer nur durch die Natur. Angst oder gar Panik kommen bei den Pferden selten vor. Ihr natürliches, äußerst stabiles

Nervenkostüm bewahrt sie vor Scheuen und unüberlegten Reaktionen auf erschreckende Situationen. Im unübersichtlichen Gelände ihrer Heimat wäre dieses Verhalten lebensgefährlich.

Beim Wanderreiten kommen Araber-Berber und Berber immer mehr zum Einsatz. Den Vierbeinern machen die langen Ritte viel Spaß, bieten sie doch jede Menge Abwechslung. Ihre Reiter schätzen die bequemen Gänge, die Mitreiter Nervenstärke und Cleverness im unübersichtlichen Gelände. Wo andere zögern oder gar scheuen, marschieren sie problemlos vorneweg oder schauen erst mal gelassen in die Runde. Importpferde kennen sogar das Hobbeln und können unterwegs in jeder Pause zum Fressen geschickt werden.

Distanzsport

Wenn man davon ausgeht, dass der Araber-Berber die besten Eigenschaften der beiden Ausgangsrassen in sich vereint, dann wundert es nicht, wie gut und erfolgreich er sich im Distanzsport bewährt: robuster, kräftiger und nervenstärker als der reine Vollblutaraber, schneller und mit raumgreifenderen Gängen ausgestattet als der Berber. Junge, untrainierte Pferde haben bisweilen bereits Ruhepulswerte wie austrainierte Sportler. Nach Belastung erholen sie sich sehr schnell – ein Pluspunkt bei den Veterinärchecks. Harte Hufe und belastungsresistente Beine und Sehnen sind weitere Voraussetzungen für ein Distanzpferd, von der Lauffreude mal ganz abgesehen!

In der französischen und deutschen Spitze der Distanzreiterei sind einige erfolgreiche Araber-Berber vertreten, wie zum Beispiel der marokkanische Wallach Hamane, ein Enkel des legendären Berberhengstes Byblos, der unter Andrea Striegler aus Leipzig schon Deutscher Vizemeister über 160 Kilometer wurde.

Freizeit- und Familienpferd

Wer sich in den oben genannten Disziplinen so vielseitig bewährt, macht auch als Freizeit- und Familienpferd keine schlechte Figur. Araber-Berber und Berber waren noch nie etwas anderes. In ihrer nordafrikanischen Heimat werden sie von den Söhnen trainiert und gepflegt, an Showtagen vom Familienoberhaupt vorgestellt, und die tägliche Futterration kommt zumeist von den Frauen. Hunde, Hühner, Katzen und Kinder gehören in Nordafrika auf dem Land ebenso zum Pferdealltag wie lärmende Mofas, klappernde Fahrräder und Lastwagen.

Mit Kindern gehen viele dieser Pferde besonders vorsichtig um. Sind Kinder in der Familie, sollte natürlich bei der Auswahl eines Pferdes größter Wert auf einen guten Charakter gelegt werden. Wenn dann verschiedene Reiter dasselbe Pferd bewegen wollen, sollte man sich auf ähnliche Hilfengebung verständigen, um das Tier nicht unnötig zu verwirren.

Oft wird die Frage nach dem Reitergewicht gestellt. Bis zu 80 Kilogramm stellen für nahezu alle Pferde kein Problem dar, zwischen 80 und 95 Kilogramm sollte man auf ein großes und kräftig gebautes Pferd Wert legen. Darüber wird es schwierig, ein passendes Reittier aus Nordafrika zu

Verlässliche Partner für die ganze Familie: So kennt und schätzt man die Pferde der Berber.

Ein unbeschwerter Ausritt zu viert gibt neue Kraft für den Alltag.

finden. Es sind aber Reiter bekannt, bei denen ein Berber den letzten Anstoß zu einer wirklich ernst gemeinten und auch durchgehaltenen Diät gab. Schließlich will man es seinem Liebling ja nicht zu schwer machen ...

Wenn es diesbezüglich darum geht, die Stabilität eines Pferdes zu bemessen, geht es weniger um das Stockmaß als um die Stärke seines Fundaments, ermittelt anhand des Röhrbeinumfangs: 18 Zentimeter findet man bei den leichteren Pferden, 19 bis 20 Zentimeter bei den mittleren, und 21 Zentimeter weisen kräftige Pferde mit schweren Knochen auf. Ab 22 Zentimeter kann Kaltbluteinschlag vermutet werden, weniger als 18 Zentimeter Röhrbeinumfang ist bei diesen Rassen unerwünscht. Manches kleine und kompakte, kräftige Pferd mit kurzem, gutem Rücken kann mehr tragen als ein großes, elegantes Pferd mit leichterem Bau. Auch dabei zu berücksichtigen ist das Können des Reiters und die Zeit, die er im Sattel verbringt. Ein guter, etwas kräftigerer Reiter belastet den Rücken des Pferdes sicher weniger als ein schlanker, der schlecht im Sattel sitzt.

Besitzer von Araber-Berbern und Berbern haben Mut zum Understatement. Die wahren Werte ihrer Pferde erkennt man nicht auf den ersten Blick. Sie haben nicht die imposante Ausstrahlung eines Friesen, aber dafür bequemere Gänge. Sie sind nicht so edel wie der Araber, aber bodenständig. Sie imponieren nicht durch Größe und Gehabe wie ein Spanier, stehen jedoch auf stabilerem Fundament. Für Menschen, die ihr Pferd als Familienmitglied sehen, vereinen Berber oder Araber-Berber all das, was eine immer größer werdende Gruppe von Reitern möchte: ein angenehmes, gesundes und zuverlässiges Tier für unbeschwerte und unvergessliche Stunden in freier Natur.

Tölt als vierter Gang

Tölt – für viele Reiter ein magisches Wort, an dem sich aber auch die Geister scheiden! Glaubt man den verschiedenen Theorien renommierter Equidenforscher, so entstand diese zusätzliche, vierte Gangart neben Schritt, Trab und Galopp als Anpassung an schwierige Bodenverhältnisse wie Sumpf und Morast, verharschte Schneedecken oder Schutt- und Geröllfelder. Nachdem wir uns in Nordafrika befinden, dürfte letztere Erklärung für die Pferde der Berber wohl am wahrscheinlichsten sein. Der trügerische Gebirgsboden erzwang von den Tieren eine

Angeblich unmöglich bei Arabern, Berbern und Iberern, und doch tun es manche, wie man auf den Bildern sieht: Sie tölten! Ausgesprochen bequem für den Reiter, bieten einige nordafrikanisch geprägte Pferde den vierten Gang als willkommenes Extra für Kenner und Genießer.

völlig neue Gangmechanik, bei der ein Huf vorsichtig tastend aufgesetzt und schnell wieder hochgezogen wurde, um ihn vor Versinken, Stolpern oder vor Verletzungen zu bewahren. Schwebephasen gibt es deshalb beim Tölt auch aus Sicherheitsgründen nicht! Jeweils drei oder zwei Hufe fußen vorübergehend ab, um das Körpergewicht gut und großflächig zu verteilen. Gibt es einen Fehltritt der Vorderfüße, stemmt das Pferd sofort die Hinterbeine in den Boden und hebelt sich gewissermaßen rückwärts aus der Gefahrenzone heraus. Daraus resultiert auch die abgeschrägte Kruppe töltveranlagter Pferde, die ein extremes Untersetzen der Hintergliedmaßen begünstigt. Natürlich ist es nicht einfach, solche Pferde mit absolut taktklarem Trab in einer Militärparade oder heute auf einem Dressurturnier vorzustellen, und daher ist die Töltveranlagung bei den mitteleuropäischen Rassen auch so gut wie verschwunden. Bei einem Warmblut wäre sie geradezu verpönt. Araber-, Berber- und Ibererzüchter wollen hierzulande auch nichts davon wissen und schweigen alle Taktverschiebungen tot, selbst wenn so manches ihrer Pferde sehr wohl die Veranlagung dazu mitbringt.

Nicht umsonst sind die wenigen Tölter, die es heute noch in Nordafrika gibt, hoch geschätzt und deutlich teurer als die Dreigänger. Der Grund liegt auf der Hand: Jeder, der mit seinem Pferd länger durch die Lande streifen will (oder muss, weil er keine andere Möglichkeit hat), weiß diese außerordentlich komfortable Art der Fortbewegung mehr als zu schätzen. Der Rücken des Pferdes bewegt sich dabei kaum und so bleibt auch der Reiter vor unliebsamen Stößen der Pferdewirbelsäule verschont. Man kommt nicht nur schnell, sondern auch wesentlich angenehmer zum Ziel, egal ob es nun der Souk oder ein Biergarten ist!

Nun ist Tölt in ganz Europa, in Nord- und Südamerika dank der Popularität des Gangpferdesports (Sie erinnern sich an die Verbindung von Nordafrika über die Iberische Halbinsel bis Südamerika) klar in Fußfolge und Geschwindigkeit definiert. Spezielle Fachleute zerbrechen sich ihre Köpfe über exakte Klassifizierungen der einzelnen Gangpferdefußfolgen, aber nordafrikanische Pferde halten sich natürlich nicht so genau an die Vorschriften. Warum sollten sie auch. Wichtig ist in ihrer Heimat nur: Einige von ihnen sind deutlich bequemer zu sitzen als andere, weil ihr Trab zum Pass oder Tölt hin verschoben ist. Ob man diese ganz individuellen Gangarten nun als „Indian Shuffle“, „Walk“, „Slow Gait“, „Singlefoot“ oder sonst etwas bezeichnen will, kann, soll, darf oder muss, sei dahingestellt. Eigentlich ist es auch egal. Hauptsache, man kommt damit bequem von A nach B. Je nach Geschick oder Können des Reiters lassen sich die Gangverschiebungen durchaus ausbauen und gezielt fördern, auch bis hin zum ganz korrekten, taktreinen Tölt.

Artgerechte Aufzucht und Haltung sollten in Mitteleuropa selbstverständlich sein.

Lebensraum Europa

Der karge Lebensraum hat in Nordafrika Pferde geschaffen, die mit knappen Ressourcen auskommen. Der Berber gilt gemeinhin als leichtfuttriges Pferd, was aber nicht mit dem Futteranspruch von Ponys verglichen werden darf. Für eine gute körperliche Verfassung benötigen Berber ausreichend Raufutter. Kraftfuttergaben sind sehr unterschiedlich und typabhängig zu ergänzen. In Notzeiten können die Pferde mit sehr wenig auskommen.

Die typische Tagesration für einen leichtfuttrigen Araber-Berber besteht aus etwa 1,5 Kilogramm gutem Heu pro 100 Kilogramm Körpergewicht und knapp gehaltenem, je nach Einsatz bemessenem Kraftfutter, wobei manche Pferde auch gut ganz ohne Kraftfutter auskommen. Für einen mittleren Typ kann man die gleiche Menge Heu bei höherer Kraftfutterration rechnen. Jungpferde oder Pferde, die noch an Substanz zulegen sollen, sowie tragende Stuten können bei entsprechender Möglichkeit, sich täglich zu bewegen, auch mehr Kraftfutter erhalten, ohne dass sie im Verhalten schwierig werden. Gezielte Eiweißfuttergaben sind bei Jungpferden, tragenden Stuten und Pferden, die im Wachstum sind, zu empfehlen. Je höher der Araberanteil ist, desto wichtiger wird das Kraftfutter. Bei Pferden, die im schweren Berbertyp stehen, sollte man mit zu viel Kraftfutter und Eiweiß hingegen vorsichtig sein. Grundsätzlich gilt auch hier das alte Gebot: Ein guter Futtermeister füttert mit dem Auge! Welche Art von Kraftfutter man bevorzugt, liegt an den persönlichen Präferenzen des jeweiligen Pferdehalters oder Züchters und denen der Pferde. Salzlecksteine sind auch aus der Heimat bekannt und werden gern angenommen. Ob Mineralfutter nötig ist oder nicht, darüber lässt sich streiten, und es hängt auch von der Boden- und Raufutterzusammensetzung ab. In gut dosierten Mengen schadet es sicher nicht.

Weidegang bekommt den Pferden ausgezeichnet, auch fettere Wiesen werden vertragen. Wenn die Pferde im Frühjahr und zu Beginn des Sommers zu viel fressen und schnell an Gewicht zulegen, ist eine Portionierung der Weide zu empfehlen. Kraftfuttergaben können bei hochwertigen Wiesen entfallen, bei säugenden Stuten kann zum Ende des Sommers eine Zufütterung von Heu oder Kraftfutter nötig werden.

Die Haltung der Berber ist unkompliziert. Wie fast alle Pferde fühlen sie sich im Offenstall mit Artgenossen am wohlsten. Kälte stellt für sie kein Problem dar, Importpferde müssen aber eventuell im ersten Winter eine Decke tragen, wenn sie erst im Herbst nach Europa kommen und die Zeit für die Fellbildung nicht ausreicht. Nässe mögen sie nicht besonders. Dennoch nutzen sie vorhandene Unterstände nur selten. Lieber stehen sie in einer Reihe neben- oder hintereinander mit der Kruppe gegen den Regen und warten geduldig mit gesenktem Kopf auf Wetterbesserung.

Artgenossen gegenüber zeigen Berber ein außerordentlich gutes Sozialverhalten und neigen selten zu Raufereien. Reine Boxenhaltung ist wie für Pferde im Allgemeinen auch für Berber nicht zu empfehlen, obwohl sie es aus ihrer Heimat oft nicht anders kennen und meistens irgendwie ertragen. Boxenhaltung mit Paddockgang ist eine brauchbare Alternative zur Offenstallhaltung und hat den Vorteil, dass rangniedrige Tiere ausreichend Zeit zum Fressen und Ausruhen finden. Allgemeingültige Rezepte kann man nicht liefern. Nicht jeder hat einen guten Offenstall in erreichbarer Nähe, und dann gibt es immer noch die Ansprüche des

Bei guter Pflege bleiben die Pferde der Berber bis ins hohe Alter gesund und leistungsbereit.

jeweiligen Pferdes. Da muss zwangsläufig von Fall zu Fall entschieden werden.

Auf Dauer sollte man die Tiere generell nicht allein halten. Nach Beobachtungen von Pferden, die ihr ganzes Leben allein verbrachten, ist in nahezu allen Fällen eine wahre Begeisterung in ihren Gesichtern zu sehen, wenn sie einen oder mehrere Spielkameraden bekommen. Bei Importpferden ist anfangs zwar Verwunderung festzustellen (manchmal wissen sie nicht, was sie mit dem anderen Pferd anfangen sollen, haben Angst oder verhalten sich hengstig), aber eine Gewöhnung ist schnell zu sehen. Meist wird dann wild gespielt und Fell gekrault, als wollten sie alles nachholen, was zuvor versäumt wurde. In seltenen Fällen kommt es bei spät gelegten Wallachen zu spontanen Rangkämpfen, die sich aber mit der Zeit geben.

Zieht man Berber oder Araber-Berber zusammen auf, verhalten sie sich in der Herde überaus verträglich, fressen gelassen gemeinsam aus einem Eimer, zupfen an demselben Heuballen. Junghengste benehmen sich dabei noch verträglicher als Stuten. Hält man Pferde anderer Rassen in diesen Herden, fallen diese Tiere meist durch in der Gruppe sonst nicht zu beobachtende Verhaltensweisen wie Rempeln, Respektlosigkeit oder Scheu auf.

In der Regel erfreuen sich Araber-Berber und Berber bester Gesundheit. Durch härteste Selektion kommen in ihrer Heimat nur die gesündesten und kräftigsten Tiere überhaupt durch. Bestimmte rassetypische Krankheiten und Anfälligkeiten sind nicht bekannt, was nicht heißt, dass es die bekannten Pferdekrankheiten nicht auch beim Berber gibt. Als rassetypisch kann man die gesunden Beine und die festen, harten Hufe bezeichnen. Gute Pflege ist aber gerade in jungen Jahren unbedingt erforderlich. Bei

Spanisches Gebiss, Westernchaps und englischer Sattel – dem Pferd ist es letztendlich egal. Hauptsache, es drückt nichts.

Importpferden können in der Anfangszeit Hufkorrekturen erforderlich sein, die aber ein guter Schmied problemlos in den Griff bekommt. Bei hoher Belastung und steinigen Reitwegen ist unter Umständen ein Hufschutz nötig.

Wie alle typischen Gebrauchspferderassen verrichten Araber-Berber und Berber ihre täglichen Arbeiten bis ins hohe Alter, ohne wirklich krank zu sein. Bei entsprechender Pflege und Haltung benötigt man einen Tierarzt nur für Wurmkuren, Impfungen und in seltenen Krankheitsfällen.

Ausrüstung: Englisch, Western oder was?

Die Wahl des richtigen Sattels und der Ausrüstung stellt angesichts des erdrückenden Angebotes jeden Reiter vor die Qual der Wahl. Den Pferden ist dabei alles recht – Hauptsache, es passt. Da Berber in ihrer Heimat mit den typischen Berbersätteln geritten werden, die hierzulande schwer zu bekommen, unpraktisch und vor allem für unsere Hinterteile auch extrem unbequem sind, ist es zunächst einmal Geschmackssache, welchen Typ Sattel der Reiter bevorzugt.

Der Westernsattel stellt eine Weiterentwicklung des maurisch-spanischen Sattels dar und passt sehr gut zum Berber. Bei Pferden mit kurzen Rücken sollte auf genügend Freiheit in der Nierenpartie geachtet werden. Dafür bietet der Fachhandel spezielle, kurz geschnittene Modelle für Araber an, die in diesem Fall geeigneter sind. Bei kurzem, aber breitem Rücken kann man auch beim Haflingerzubehör fündig werden.

Entscheidet man sich für einen englischen Sattel, stellt sich gleich die nächste Modellfrage. Ist man häufig im Gelände unterwegs, liegt man mit einem Vielseitigkeitsmodell, das sowohl für die Dressur als auch für bequeme Ausritte geeignet ist, genau richtig. In der Regel benötigen nordafrikanische Pferde eine mittlere bis breite Kammer (30er bis 32er Kammerweite).

Wanderreitsättel sind auf Bequemlichkeit von Reiter und Pferd hin ausgerichtet, und auch spanische und portugiesische Sättel passen gut auf einen Berber, wenn sie nicht zu wuchtig und ausladend konstruiert sind. Auch da findet man inzwischen von diversen Anbietern nicht immer ganz originalgetreue, dafür aber fantasievoll iberisch angehauchte, breite Modellpaletten.

Als Gebiss eignet sich grundlegend eine simple, vielleicht sogar zweifach gebrochene Wassertrense. Geübte Reiter greifen bei höheren Dressuraufgaben gern auf Kandare mit Unterlegtrense zurück. Importpferde sind häufig an blanke Stangengebisse gewöhnt und einhändig zu reiten. Sie lassen sich aber leicht auf andere Zäumungen umstellen. Da die Pferde ein sehr feines, kleines Maul haben, sollte man kein zu dickes Gebiss wählen. Sperrriemen und andere Halfter sind bei entsprechend guter Reitweise sowieso unnötig, allerdings ist ein Kehlriemen bei Pferden mit kleinen, kurzen Ohren sinnvoll, damit sie ihr Zaumzeug nicht über den Kopf streifen können.

Bei einigen Freizeit- und Wanderreitern werden gebisslose Reithalftervarianten immer beliebter. Eine fundierte Ausbildung von Reiter und Pferd sollte nicht nur in diesem Fall, aber da im ganz Besonderen und nicht nur aus versicherungstechnischen Gründen selbstverständlich sein! Sporen und Gerte sind normalerweise nicht erforderlich, können aber im Einzelfall hilfreich sein.

Mit der Bekleidung des Reiters verhält es sich ebenso wie mit dem Sattelzeug: Gut ist, was gefällt, was zu einem selbst und zum Geldbeutel passt oder was in der jeweiligen Situation bequem oder angemessen erscheint.

Nordafrikanisches Flair im eigenen Stall

Die Idee vom herrlichen Rappen, den man selbst in einer nordafrikanischen Hütte findet und mit nach Hause nimmt, sollte man sich schnell wieder aus dem Kopf schlagen. Die Sorte Pferde, die für gewöhnlich durch unsere Träume geistern, sind hier genauso wie dort überaus schwer zu finden, noch schwerer zu erwerben und kosten noch dazu nicht viel weniger als in Europa! Ohne Kenntnisse der Landessprache ist man nahezu chancenlos. Und von allem, was einem erkennbaren Touristen (und das ist man in Nordafrika immer) als „heißer Tipp“ angeboten wird, sollte man von vornherein grundsätzlich die Finger lassen. Mehr oder weniger hochwertige Fälschungen finden sich nicht nur in den Auslagen der Basare! Selbst versierte Pferdeleute stoßen da schnell an ihre Grenzen und stolpern über eine afrikanisch-arabisch angehauchte Auffassung von einem guten Geschäft.

Noch schwieriger als die Suche nach einem geeigneten Pferd gestalten sich die bürokratischen Hürden, die sich nach dem Kauf auftürmen. Sie lassen sich noch nicht einmal mit detaillierten Kenntnissen der landesspezifischen Gepflogenheiten sicher meistern. Und wenn man es dann doch irgendwie mit unendlich viel „Bakschisch“ (Trink- oder, besser gesagt, Bestechungsgeldern) geschafft haben sollte, das Pferd außer Landes zu bringen, kommen die nicht unerheblichen Transportkosten noch mit dazu. Selbst Insider verzweifeln bisweilen an den Schwierigkeiten, die der Import mit sich bringt. Man sollte ihn wirklich den Profis überlassen, die zumindest über die Menge der Tiere wieder halbwegs auf ihre Kosten kommen.

Ältere Importpferde bekommt man meistens geritten angeboten. Achten Sie auf Herkunft und Verwendung im Heimatland und darauf, wo und wie die Tiere nach Europa kamen. Das Vertrauen zum Verkäufer spielt dabei eine große Rolle. Haben Sie ein gutes Gefühl, können Sie diese Pferde Probe reiten und nach kurzer Eingewöhnungszeit sofort einsetzen. Importpferde sind gewöhnlich sehr unerschrocken im Gelände und im Straßenverkehr, da sie dies aus ihrer Heimat kennen. Wenn sie nicht älter als sechs oder sieben Jahre alt sind, gewöhnen sie sich noch gut an ihr neues Umfeld. In der Regel fühlen sich die Pferde mit nordafrikanischer Herkunft bei uns pudelwohl und leben sich schnell ein. Sie hatten es in ihrer

Heimat selten so gut wie bei uns, und manchen Pferden merkt man eine regelrechte Dankbarkeit für ihr besseres Leben an. Andere nutzen ihren neu gewonnenen Luxus aus und versuchen, die Frage nach der Rangfolge neu zu klären. Deshalb ist ein liebevoller, aber konsequenter Umgang sehr wichtig. Auf ungewohntes Verhätscheln können die Pferde durchaus unerwartet frech reagieren, ohne jedoch dabei wirklich böse zu werden. Aus einem verspielten Zupfen am Ärmel oder einem zarten Rempler kann aber schnell mehr werden, und daher untersagt man solche vorsichtigen Annäherungen vonseiten des Pferdes am besten von Anfang an.

Tiere aus heimischer Zucht wachsen in Europa meistens artgerecht im Herdenverband auf. Häufig kann man beim Züchter auch die Elterntiere begutachten. Die Jungpferde werden meist ungeritten verkauft, ältere Pferde sind aufgrund der starken Nachfrage nur sehr schwer zu bekommen. Ohne triftigen Grund stehen sie meistens nicht zum Verkauf. Falls ein junges Pferd ausgebildet werden soll, hat es sich bewährt, sich an Trainer zu wenden, die Erfahrung mit Sonderrassen haben. Sie sind meist offener als Ausbilder aus dem konventionellen Bereich. Legen Sie Wert auf eine konsequente und liebevolle Erziehung. Sicher kann der Verkäufer oder Züchter einen Tipp geben, wo das Pferd am besten aufgehoben ist.

Importiert oder europäisch gezogen? Traumpferde aus Nordafrika sind bei entsprechender Qualität in keinem Fall billig zu haben.

Wenn Sie überlegen, sich ein Pferd anzuschaffen, sollten Sie sich zunächst ein paar grundlegende Fragen stellen:
– Welche Erwartungen habe ich an das Tier?
– Was will ich mit dem Pferd anstellen?
– Wo liegen meine persönlichen Schwächen und Stärken?

Hinterfragen Sie sich kritisch, damit Sie bei der Wahl eines neuen Freizeitpartners nicht gewaltig danebengreifen. Sind Sie etwas unsicher oder gar ängstlich? Dann kann Ihnen ein besonders zuverlässiges Pferd Selbstsicherheit im Sattel vermitteln – auch wenn es nicht gerade in Ihrer Lieblingsfellfarbe daherkommt. Ein Distanzreiter braucht hingegen vielleicht genau jenes gehfreudige Pferd, das für den durchschnittlichen Reiter eine Überforderung darstellt, während sich ein Dressurfreak mit großen Ambitionen in barocker Reiterei über frei gezeigte Hüpfer freut, mit denen der Hengst einen anderen Reiter schon längst aus dem Sattel gehebelt hätte. Je besser man seine eigenen Neigungen kennt, desto eher findet man sein Traumpferd. Eine ausführliche, seriöse und kompetente Beratung des Verkäufers sollte selbstverständlich sein und hilft, Charakter und Ausbildungsstand des Pferdes zu beurteilen. Letztendlich muss die Chemie zwischen Pferd und Reiter stimmen, damit beide möglichst lange Freude aneinander haben. Beim geringsten Zweifel lassen Sie lieber die Finger von dem Kandidaten und suchen weiter!

Ob Stute oder Wallach – das bleibt persönlichen Vorlieben überlassen. Von der Anschaffung eines Hengstes sei jedem Freizeitreiter, der sich nicht ernsthaft mit dem Gedanken trägt, das Tier in der Zucht einzusetzen, dringend abgeraten. Wenn überhaupt nützt die „Reithengsthaltung“ nur dem Ego des Besitzers, ansonsten ist es eine für das Pferd wirklich bedauerliche Modeerscheinung, die letztendlich nur Nachteile mit sich bringt. Selbst wenn die Hengste bei den entsprechenden Besitzern und in jungen Jahren einen sehr braven und umgänglichen Eindruck erwecken, erfordern sie doch ein wesentlich anspruchsvolleres Management in Ausbildung und Haltung. Niemals wird das Tier die Gelegenheit haben, Sozialkontakt mit seinen Artgenossen zu pflegen, gemeinsamen Koppel- oder Weidegang im Schutz der Herde zu haben. Die Einzelhaft ist vorprogrammiert. Und was passiert bei Krankheit, Urlaub oder sonstigen Verpflichtungen des Besitzers? Da steht das arme Tier dank der menschlichen Eitelkeit halt etwas länger allein herum. Das muss doch nicht sein, oder? Viele verantwortungsbewusste Verkäufer kennen das Dilemma und geben daher keine Hengste ab.

Noch einmal in aller Kürze: Araber-Berber und Berber sind ideale Freizeit- und Familienpferde. Vielseitig verwendbar, nervenstark und robust mit bequemen Gängen. Manche von ihnen tölten sogar. Perfekt. Und der Haken daran? Den gibt es zu unserem Bedauern tatsächlich: Es ist der relativ hohe Anschaffungspreis. In der Regel investiert ein Freizeitreiter maximal 4000 bis 5000 Euro für ein durchschnittliches Pferd. Beim Berber oder Araber-Berber muss er gut und gern mit dem Doppelten rechnen. Das ist eine Menge Geld für ein Pferd, das nicht annähernd so prestigeträchtig wie manch andere populäre Rasse ist.

Dafür erhält man jedoch ein Pferd von außerordentlicher Güte, was Gebäude, Charakter und die Gesundheit angeht. Die Preise für ein Fohlen fangen je nach Qualität und Herkunft bei 4000 bis 6000 Euro an, für angerittene Jungpferde muss man mindestens etwa 7500 Euro investieren. Gerittene ältere Pferde sind je nach Qualität ab zirka 8000 Euro aufwärts zu haben. Gekörte Hengste oder Staatsprämienstuten werden um 20.000 Euro und darüber gehandelt, wenn man sie überhaupt erwerben kann. Eine Ankaufsuntersuchung sollte in dieser Preisklasse keine Frage sein. Qualität und Exklusivität dieser ganz besonderen Rasse haben eben ihren Preis. Ist es aber erst mal gekauft, frisst ein gutes Pferd so viel wie ein schlechtes. Am Ende kostet jedoch ein Berber oder Araber-Berber vielleicht doch nicht so viel wie der Vertreter einer anderen Rasse, weil in den allermeisten Fällen die Folgekosten für Tierarzt und Ausbildung geringer sind. Gemessen an seiner Langlebigkeit und einer Nutzungsdauer von 15 bis 20 Jahren fällt der Kaufpreis relativ wenig ins Gewicht. Und, obwohl der Vergleich vielleicht ein wenig hinkt: Wie bei einem teuren Wagen erhöht sich der Nutzwert automatisch durch den größeren Komfort.

Pferde der Berber erobern auch heute wieder europäische Reiterherzen mit ihrem Charme. Mit ihnen kommt ein Stück jahrtausendealte nordafrikanische Tradition und Menschheitsgeschichte in unsere Ställe.

Epilog

Ein nordafrikanisches Pferd ist mehr als nur ein Pferd. Es verkörpert eine jahrtausendealte Tradition, Lebensphilosophie und ist ein vierbeiniges Juwel – zumindest in seiner Heimat. Dank vielfältiger Bemühungen mitteleuropäischer Züchter gelang es, einige dieser Tiere nach Europa zu holen. Hier fristen sie inmitten unserer vielfältigen, internationalen Pferdewelt sowie einer traditionell sportgeprägten Reitkultur nur ein Schattendasein. Dabei vergessen viele, dass sich diese scheinbar omnipräsente Form der Reiterei erst seit dem 20. Jahrhundert richtig etablieren konnte. Nur ein verschwindend geringer Prozentsatz der Pferdefreunde misst sich untereinander im Dressurviereck und Springparcours. Die meisten genießen einfach nur ihre Freizeit gemeinsam mit einem Pferd. Dabei zählen andere Werte. Natürlich wirken die Pferde der Berber hier in Mitteleuropa nicht ganz so imposant wie die Pferde der Spanier, nicht ganz so schnell wie die Pferde der Engländer, nicht ganz so sportlich wie die Pferde der Deutschen und Franzosen und nicht ganz so muskulös wie die Pferde der Amerikaner. Prestige hin, Reitgenuss her: Wer zuletzt lacht, lacht am besten. Besitzt man ein von vielen unwissend belächeltes Berberpferd, dann weiß man ganz genau (oder sollte es zumindest nach der Lektüre dieses Buches wissen), dass der herablächelnde iberische Reiter, der erfolgreiche Sportreiter oder der rasante Westernreiter ohne diese etwas unscheinbaren Pferde noch nicht einmal einen passenden reitbaren Untersatz hätte. Und das befriedigt ungemein.

Natürlich sind Höchstleistungen innerhalb der verschiedenen Reitsportdisziplinen nur durch extreme Spezialisierung einzelner Rassen möglich. Dies lässt aber wiederum andere Fähigkeiten der Pferde verkümmern, und so mangelt es der einen oder anderen Rasse durchaus mal an Charakter, Gesundheit oder Nervenstärke. Je stärker die Nachfrage, desto wahlloser wird gezüchtet (vermehrt!) oder aus den Ursprungsländern eingeführt. Die Pferde der Berber lassen sich dahingehend in kein Schema pressen. Wegen ihrer Seltenheit und der Probleme beim Import können sie erst gar nicht zur Moderasse werden. Sie sind rare, aber echte Partner für anspruchsvolle Freizeitreiter, die Understatement pflegen und sich ganz gezielt diese ganz besonderen Pferde leisten.

Die Autorinnen Christiane Slawik (links) und Susanne Geipert lernten auf ihrer Reise durch Nordafrika Pferde, Land und Leute kennen. Überall begegnete man ihnen mit einzigartiger Gastfreundschaft.

Lösung des Rasserätsels von Seite 66

Araber-Berber

Berber

Lusitano

P.R.E.-Andalusier

Paso Fino

Menorquin

Adressen der Zuchtverbände

Deutschland

VFZB (Verein der Freunde und Züchter
des Berberpferdes e.V.)
Birgit Bacher
Fratzenwiesenhof 1
73667 Kaisersbach
Tel. und Fax 07184 291302
www.vfzb.de
E-Mail: info@vfzb.de

Frankreich

AFCB (Association Française
du Cheval Barbe)
Philippe Jaquelin
„La Juge"
26100 Romans sur Isere
Tel. 0033 475 029028
E-Mail: afcb@online.fr

Belgien

ABCB (Association Belge du Cheval Barbe)
Rue Gaston Ragon 51
5170 Bois de Villers
Tel. 0032 457 4213
E-Mail: o.botyes@tiscali.be

Schweiz

Schweiz. Verband der Berberpferde
(Association Swisse du Cheval Barbe)
Sanja Leuenberger
Schmittenweg 445
5053 Staffelbach
Tel. 0041 62 7211221
Fax 0041 62 7211939

Tunesien

Dr. Mohamed Hahib Ezzaouia
FNARC (Fondation Nationale pour
l'Amélioration de la Race Chevaline)
2020 Sidi Thabet
Tel. 00216 98 323756
Fax 00216 71 552391
E-Mail: har-fnarc@e-mail.ati.tnx

Marokko

Dr. Mohamed El Kohen
OMCB (Organisation Mondiale
du Cheval Barbe)
Avenue Hadj Ahmed Cherkaoui
Agdal, Rabat
Tel. 00212 37 682423
Fax 00212 37 6827777
E-Mail: haras_maroc@yahoo.fr

Algerien

Dr. Abdelhamid Soukheal
148 Avenue De L Aln
Caroubier Bp 183 H.
Dey Alger
Tel. 00213 21 497375
E-Mail: omcb@mail.wissal.dz

Literaturverzeichnis

Ammon, Karl Wilhelm:
Historical Reports on Arab Horse Breeding and the Arabian Horse.
Hildesheim/Paris/Zürich: Olms, 1993.

Basche, Arnim:
Geschichte des Pferdes.
Künzelsau: Sigloch Edition, 1984.

Brockhaus:
Atlas zur Geschichte.
Epochen Territorien, Ereignisse.
Mannheim: F. A. Brockhaus, 2004.

Bruckmüller, Ernst und Hartmann, Peter Claus (Hrsg.):
Putzger – Historischer Weltatlas.
103. Aufl. Berlin: Cornelsen, 2004.

Daumas, Eugène:
Pferde der Sahara.
Hildesheim/Paris/Zürich: Olms, 1988.

Dossenbach, Monique und Hans D.:
König Pferd.
Oldenburg: Bechtermünz, 1999.

Jäger, August:
Das Orientalische Pferd.
Hildesheim/Paris/Zürich: Olms, 1983.

Roux, Edouard Jean:
Le Cheval Barbe.
Paris: Ed. A. Maisonneuve, 1987.

Philippe Karl

Irrwege der modernen Dressur

Quo vadis, moderne Dressur? Philippe Karl, renommierter Reiter, Autor und Kritiker des heutigen Dressursports zeigt in seinem Werk die Irrwege, auf denen sich die Reiterei derzeit verläuft. Dabei betrachtet er sorgfältig verschiedene Ansätze der Dressur von FN-Richtlinien über La Guérinière bis Baucher, stellt sie gegenüber und zeigt Lösungswege aus dem Dilemma, in dem sich der Sport oftmals befindet.

160 Seiten | gebunden | ISBN 978-3-86127-413-1

Egon von Neindorff

Die reine Lehre der klassischen Reitkunst

Egon von Neindorff war der letzte noch lebende Reitmeister.Er starb am 19. Mai 2004, sein Wirken wird jedoch unsterblich bleiben. In über 30 Kapiteln vermittelt von Neindorff dem Leser das Grundwissen der naturgemäßen Pferdeausbildung. Mit diesem Buch hinterlässt Egon von Neindorff sein Wissen der Nachwelt, das bisher nur für Reiter im Reitinstitut in Karlsruhe direkt erlern- und erfühlbar war.

272 Seiten | gebunden | ISBN 978-3-86127-400-1

CADMOS

www.cadmos.de

Branderup/Kern

Renaissance Reiten nach Antoine de Pluvinel

Die 13. Auflage, die letzte von Baucher selbst verfasste Formulierung seiner „Méthode d'équitation basée sur de nouveaux principes" (1867) – jetzt neu übersetzt.

Dieses Buch bietet Schritt für Schritt eine genaue Anleitung zum Reiten und Ausbilden von Pferden in der von Baucher begründeten Reitweise der Légèreté.

112 Seiten | gebunden | ISBN 978-3-86127-381-3

Schneider/Birk

Hengste

Hengsthaltung ist kein Kinderspiel, aber auch nicht so kompliziert, wie oft angenommen wird. Denn Hengste sind in erster Linie „nur" Pferde, und bei artgerechter Haltung und einer soliden Ausbildung steht einem harmonischen Miteinander nichts im Weg. Damit der Traum vom edlen Hengst nicht zum Albtraum wird, erklärt dieses Buch, wie Hengste wirklich sind und wie ihre Erziehung zum verlässlichen Partner gelingt. Außerdem gibt es wertvolle Hinweise zu Haltung, Zucht und Problemmanagement.

144 Seiten | gebunden | ISBN 978-3-8404-1028-4

Ruth Giffels

Galopp und fliegende Wechsel

Eigentlich ist der Galopp dem Pferd von der Natur gegeben. Und doch schleichen sich unter dem Reiter oftmals viele Fehler ein: Untakt, falsch gesprungene Wechsel oder nicht sicherer Außengalopp sind die Folgen falschen Trainings. Wie jeder Reiter sein Pferd im Galopp verbessern und auch die eigene Hilfengebung optimieren kann, zeigt dieser Titel sehr detailliert.

112 Seiten | gebunden | ISBN 978-3-8404-1008-6

CADMOS

FSC
www.fsc.org
MIX
Papier | Fördert gute Waldnutzung
FSC® C083411

Kolibri 360 GmbH
Ferdinand-Jühlke-Straße 7
99095 Erfurt, Deutschland
produktsicherheit@kolibri360.de